提高思考解析度

4個視角，將模糊想法化為精準行動

馬田隆明 著　沈俊傑 譯

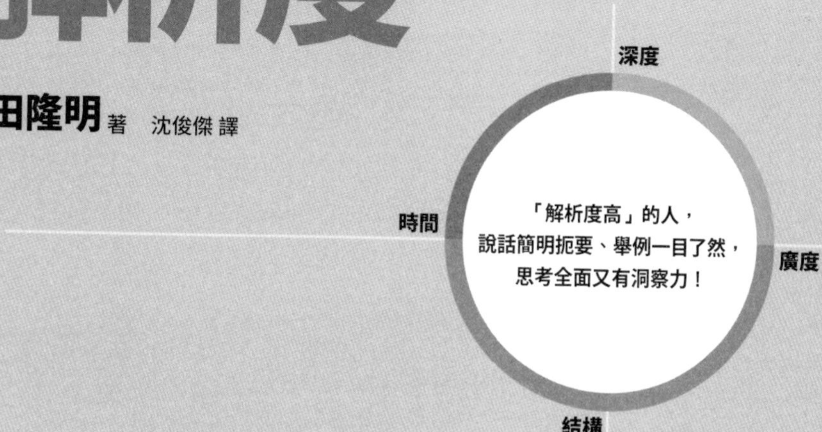
深度
時間
「解析度高」的人，
說話簡明扼要、舉例一目了然，
思考全面又有洞察力！
廣度
結構

前言

「完成提案卻覺得漏了什麼重點，搞得自己心煩意亂。」

「這個人說話不切實際，都在打高空。」

「我懂對方的意思，但總覺得沒什麼說服力。」

你是否也曾在工作時冒出上述感覺？

無論是討論看不見終點、談話沒焦點、論述重點不夠明確，還是對某件事似懂非懂……這種眼前一片朦朧的情況，就好比相機沒對焦，或近視的人沒戴眼鏡觀察周遭。

我用「**解析度低**」來形容這樣的狀態；反之，思緒明朗則稱作「**解析度高**」。

優秀創業家眼中的世界

近十年來我協助過無數創業者，優秀的創業者總是那些「解析度高」的人。當我問起他們從事的領域，總能得到**簡潔明瞭的答案**。他們深知顧客的煩惱、發生的頻率、選擇哪些產品解決問題，並運用哪些技巧或訣竅提升效率，甚至連顧客當下的感想都瞭若指掌。聽他們說話，我彷彿也能看見**他們口中那名顧客的模樣**。

他們了解事實的細節，從中推敲出的**見解犀利**、**獨到**。聽他們說話總是驚奇連連，令人著迷，針對事情原因的分析相當明確，聽者自然心服口服。

優秀創業者不僅對顧客一清二楚，對市場、技術、商業模式、未來事業藍圖等**商業上的各個面向都具備高解析度**。各種資訊在他們眼中相互牽連，聽他們談著談著，一件件資訊從點連成了線，構成了面，甚至立體了起來，**形成條理分明**、**淺顯易懂的結構**。

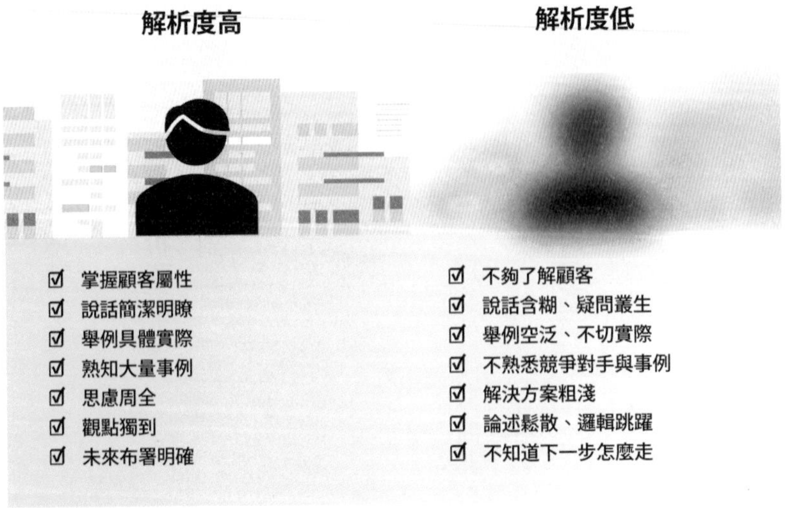

他們不但對現況理解透澈，**對未來的布署也不同凡響**。他們的每步棋都像齒輪般互相咬合，當下的這一小步，彷彿能推動小齒輪，陸續帶動更大的齒輪運轉，最後甚至改變社會。

優秀創業者的特質，是能迅速提升解析度，比他人**更快達到高解析度的境界**。不久前才為了跨足其他領域前來諮詢，下次見面時再詢問進展，他們早已對新領域擁有高解析度的見解。

這些解析度高的創業者，通常也有能力做出顧客喜愛的產品，制定充滿說服力的計畫，說服投資人，成功募得資金。

解析度低的症狀

至於剛起步的創業者，回答問題時經常含糊不清（代表解析度低）。

近年常聽到一種說法：「有鑑於學生在考量未來出路時資訊不足，難以做出適切的判斷，可以透過ＡＩ分析，將分析結果送到每一位學生手上。」這乍聽之下很合理，不過光看字面上的意思也無法確定到底是有資訊，只是學生不知道，還是根本就沒有相關資訊；再者，學生擁有的資訊眞的不夠嗎？倘若眞是如此，又是哪方面的資訊不足？

什麼樣的學生特別容易爲此煩惱？ＡＩ又該如何設計？仔細一想，**問題便源源而來**。

初出茅廬、解析度低的創業者，面對深度提問**給不出具體答案**，時常答非所問，沒有切中要點，邏輯跳躍，有時推出的產品也無法確實解決當初設定的課題。他們提出的資訊紛亂，感覺不出彼此之間有何關聯，**結構鬆散**，**難以理解**。聽他們說話好像隔著一片毛玻璃，只能看見朦朧的影像。即使針對技術面提問，對方也不知道**具體該怎麼做**，**下一步該怎麼走**，反而徒增疑問。

我在面對這樣的客戶時，會回想過去接觸過的優秀創業者，想想他們的思考模式與行動軌跡，再給予建議。累積一定的諮詢經驗後，我發現高解析度創業者的思考與行動有一套模式可循，於是決定將之整理成本書。

實際上，我也見證許多客戶照著建議做之後，解析度明顯提高，想出一個又一個好點子。

論述不連貫

＝

課題與解決方案的解析度低

每個人都需要的能力

提高解析度是創業者最重要的功課之一。創業者必須以高解析度觀察事物，洞察先機，找出別人沒發現的重大課題，並開創可以解決該課題的新事業。此外，需要調整方向的時候，也必須在新領域迅速提高解析度。即使發想順利，看見成功的徵兆，未來隨著企業成長，也會面臨組織規畫、資金調度等無數不曾經歷的事情。面對全然陌生的領域，也得在短時間內提高解析度。

不只是創業者，公司內部的**新事業負責人**也很類似，他們必須帶著高解析度，在前所未有的挑戰中掌握公司內外可能碰上的各種障礙，不斷學習、挺進。

就算不是創業者或新事業負責人，我們在日常工作中也必須提高解析度。**想改善產品或服務、增加銷量、提升工作效率**，都得鎖定關鍵課題加以解決。爲此，首先要提高對眼前顧客與業務的解析度；在思索解決方案時，也需要以高解析度掌握最新技術與有效手段。提高解析度，就能掌握改善的關鍵，比如揪出「提高哪個數字即可改善整體事業」。除此之外，徵才時想找到理想人才，必須提高對人才需求的解析度；客服人員想更快解決顧客問題，必須提高對顧客需求的解析度。如果你是主管，也需要提供下屬適當的回饋，協助下屬提升解析度。

如果你位居**經營層**，在變動環境下，必須提高對未來的解析度，才能制定經營方針與策略。此外，要向所有利害關係人解釋決策背後的原因，也必須憑藉高解析度才能清楚傳達。而提高對顧客與業界的解析度，也有助於即早察覺可能從根本上動搖公司的風險，未雨綢繆。

在解析度低的狀態下工作，猶如在濃霧中射箭

因此無論任何工作，**提高解析度都能幫助我們更加了解現況，提升工作效率，時而發現新的商機或有待改善的課題，時而察覺新的威脅**。反過來說，**在低解析度的狀態下執行業務或決策，宛如在一片濃霧中射箭**。商業上，缺人、缺物、缺錢是常態，胡亂射箭，根本不可能射中標的。射箭之前必須先驅散濃霧，換句話說，我們必須先提升高解析度，才能做出決策，採取行動。

本書根據許多優秀創業者的思考與行動模式，彙整出一套提高解析度的方法，適用於創業者乃至於所有工作者。內容主要以我過去製作的簡報為基礎，這份簡報在分享平台Speaker Deck的點閱數超過十八萬次，二〇二一年更榮獲最多人觀看的簡報之一[1]，

也印證了這是當今許多商務人士需要的內容。我以簡報內容延伸，擴充細節，希望透過本書與各位分享提高解析度的祕訣。

目次

前言 003

1 提高解析度的四個觀點

何謂解析度 018
解析度高的人擁有四種觀點 020
深度 024
廣度 027
結構 031
時間 033
多數人的問題在於「深度」不足 036

2 檢驗自己現在的解析度

你知道自己不知道什麼嗎？ 042
論述是否簡要、見解是否獨到——檢驗「結構」 045
論點是否多元——檢驗「廣度」 046
內容是否具體——檢驗「深度」 049
實踐步驟是否清晰——檢驗「時間」 051
將思考畫成樹狀圖 052
Column 高解析度使你的視界更清晰 056

3 立即行動，堅持不懈，參考範本

①實際行動才能提高解析度 060
②堅持不懈 070
③參考範本 072
提高課題與解決方案兩者的解析度 075
本書方法學的全貌 079
Column 你需要多高的解析度？ 082

4 提高課題的解析度——「深度」

價值的上限取決於課題的規模 087

好課題的三個條件 091

關注病因，而非症狀 099

留意深度層級 103

反覆內化與外化，增加深度 105

將想法言語化，掌握現況（外化） 108

調查（內化） 114

訪談（內化） 124

實地勘察（內化） 138

深入個案（內化） 145

追問「Why so」，從事實導出洞見（外化） 148

養成言語化的習慣（外化） 154

增加詞彙、概念、知識（提高內化與外化的精準度） 160

加入社群，加速鑽研過程（提高內化與外化的精準度） 164

增加資訊×行動×思考的量 167

Column 盲目追求數據很危險 170

5 提高課題的解析度——「廣度」「結構」「時間」

從「廣度」觀點提高課題解析度 174
從「結構」觀點提高課題解析度 198
從「時間」觀點提高課題解析度 243

6 提高解決方案的解析度——「深度」「廣度」「結構」「時間」

優良解決方案的三個條件 257
從「深度」觀點提高解決方案解析度 264
從「廣度」觀點提高解決方案解析度 274
從「結構」觀點提高解決方案解析度 282
從「時間」觀點提高解決方案解析度 305

7

驗證假設

課題與解決方案都只是假設 318
製作MVP，避免擴大規模 320
根據顧客的付出衡量課題規模 324
推動系統，測試運作狀況 326
持續改善再改善 327
行動創造機會 327

8

提高未來的解析度

課題就是理想與現狀的落差 330
描繪未來藍圖需要「分析」與「意志」 332
站在後世的立場，思考未來的「理想模樣」 335

視角高到外太空，思考人類的課題 338
主動接下燙手山芋，接力處理重大課題 339
付諸行動，邁向未來，不要放棄思考 342
Column 提高自己與團隊的未來解析度 345
後記 347
附錄：提高解析度技巧一覽 350
注釋 354

1

提高解析度的四個觀點

何謂解析度

我們先釐清「解析度」的意思。解析度一般用於印刷、電腦螢幕、影像等方面，描述網頁或顯示器的畫素（像素），在印刷上代表每一英吋內有多少個點。

以顯示器來說，Full HD（一〇八〇p）代表縱橫兩邊的畫素分別爲一九二〇×一〇八〇，等於二〇七萬畫素，每一個畫素都有自己的顏色，構成一幅畫面。近年逐漸普及的4K電視（二一六〇p）爲三八四〇×二一六〇，等於八二九萬畫素；8K更高達三三一八萬畫素。以顯示器來說，單位面積內的畫素愈多（密度愈高），畫質就愈細緻。

顯示器上的影像，都是由一個個不同顏色的畫素共同構成。在解析度極低的情況下，比如四畫素（二×二）的畫面，只有粗略的色塊，因此只能顯示模

畫素為 10×10 的愛心

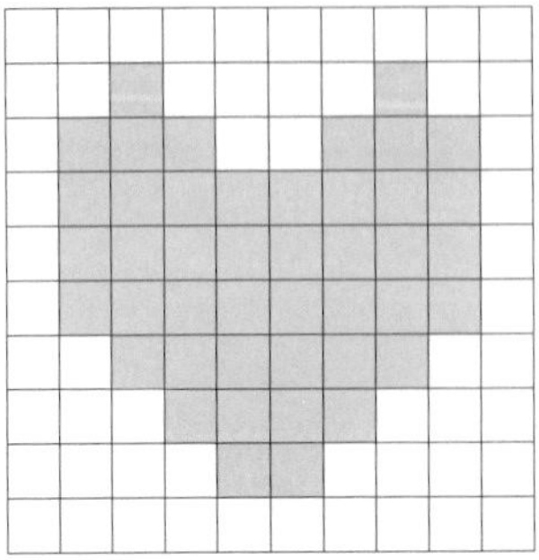

畫素為 20×20 的愛心

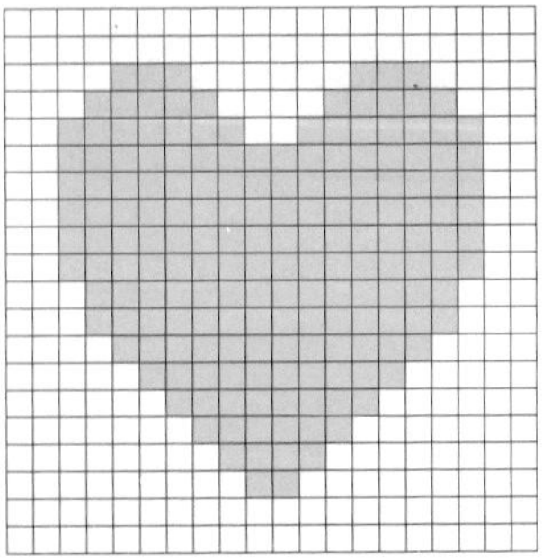

糊的影像。但一百萬畫素（一〇〇〇×一〇〇〇）的畫面，就能呈現影像的細節。即使只是簡單的心型圖案，一百畫素（一〇×一〇）與四百畫素（二〇×二〇）呈現出來的細緻度還是明顯不同。

接著比較看看《最後的晚餐》在不同解析度下的模樣。下方右圖糊成一片，看不出畫了什麼；左圖則能清楚看出耶穌的面貌。看起來較清楚的影像，解析度較高。

如今，解析度的概念也應用於商業場合，我們會說一個人「解析度高」，或是「解析度低」「解析度不足」，以影像清晰程度比喻**對某項事物的理解度、表述的詳盡度或思路的清晰度**。

解析度低可能代表以下幾種情況：

- 對事物理解不夠透徹。
- 論述不切實際。

- 拿不出實際數字，缺乏說服力。
- 舉不出具體範例，全是抽象想法。

而解析度高的意思，就好比前言提及的那些創業者，代表一個人論述、思考清晰，對顧客與市場也有深刻的了解。

在本章，我想陪伴讀者一起提高對解析度這概念的解析度，釐清解析度一詞到底是什麼意思。

解析度高的人擁有四種觀點

仔細想想，高解析度究竟是什麼樣的狀態？

假設現在有個人想「促進身體健康」，希望你給他一些建議。你冒出了各種想法，例如控制飲食、規律運動，假如對方生病了，則需要接受治療。「促進身體健康」是涵蓋面向很多的需求，一時之間也很難回答，所以你得先問對方一些問題，掌握現況。

交談過程中，你發現對方口中的「促進身體健康」，其實是「想練壯一點」的意思，他的目標也很明確，是「鍛鍊上臂二頭肌與三頭肌」，那麼你要給建議就容易多了，比如：「你需要某套訓練菜單。」「健身之餘還需要搭配飲用某款高蛋白。」「訓練之間一定要確實休息兩天。」「一開始先從這項訓練開始，一個月後再嘗試更進階的動作。」「如果只能選擇一項訓練，選這項就對了。」

高解析度的狀態，即能從深度、廣度、結構、時間四個方面思考對方的課題，並提供高效解決方案。

同樣道理搬到商業場合也適用。好比說徵才時，別開出「徵求溝通能力強的人才」這種模糊不清的條件，應該明確表示「徵求能直接徵詢顧客需求，且能有系統地整理需求的人才」，這樣更容易招募到合適的人才。能夠明確列出想找什麼樣的人才，又爲何需要這樣的人才，代表對自家公司課題的解析度高，才能將課題分解成「公司想要的人才」與「溝通能力」等不同要素，並清楚知道什麼重要、什麼不重要。

接著看低解析度的例子。常有人主張「問題出在教育」，可是光聽這句話，也不知道該採取什麼樣的解決方案，是要改善整個教育體系，還是要調整課綱？更別提行動了。說話者並未仔細分解「教育」的要素，因此只能提出低解析度的模糊主張。若根據這種主張懵懵懂懂地思考對策，也解決不了問題。

我接觸過許多優秀創業者，他們看待事物的解析度之高令人折服。幾經思考後，我發現他們的高解析度**由四個觀點組成：「深度」「廣度」「結構」「時間」**。就如同前面健身的例子，他們分析事情時會分別從**深度**、**廣度**去分解要素，再將這些要素整理出**結構**，鎖定其中重要的部分，並且考慮**時間**的影響。

● 深度：深入挖掘問題原因與解決方法的

深度的觀點

深入挖掘原因與解決方法的具體細節。

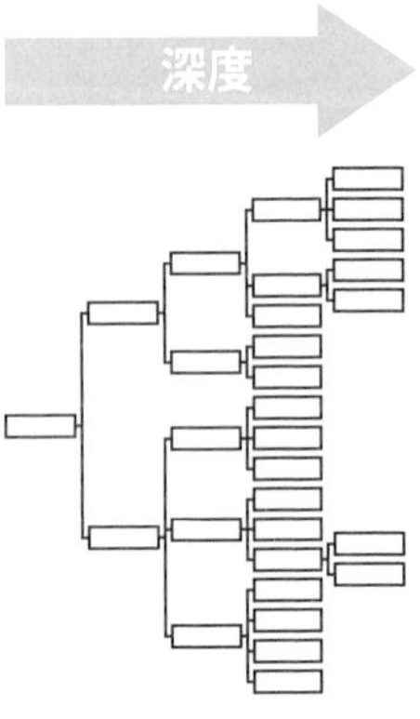

廣度的觀點

多方考量各種原因與解決方式。

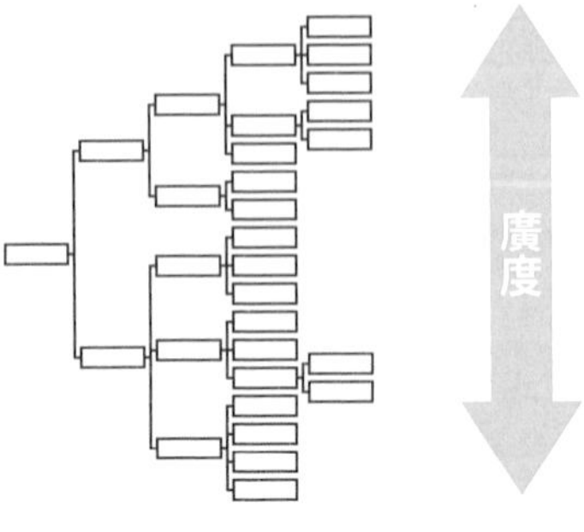

具體細節。以健身的例子來說，就是了解對方到底想鍛鍊哪個部位，甚至特定的肌肉，掌握那些肌肉的特徵。

- **廣度**：**多方考量各種原因與解決方式**。以健身的例子來說，除了給予健身的建議，也要提醒對方搭配飲食與適度休息，甚至協助挑選輔助訓練的器材，廣泛探討與健身相關的其他要素。

- **結構**：**將從「深度」與「廣度」發現的要素分類，梳理之間的關聯與輕重緩急**。比如掌握哪些要素與增肌有關，以及關聯的強弱。原本的訓練菜單可能包含一些效果不大的動作，對健身新手來說，建議對方「先嘗試一項訓練」，效果可能會比提供完整菜單更好。如果確實掌握結構，便能在擁有眾多選項的前提下做出取捨，提供更符合現況與課題的方案。

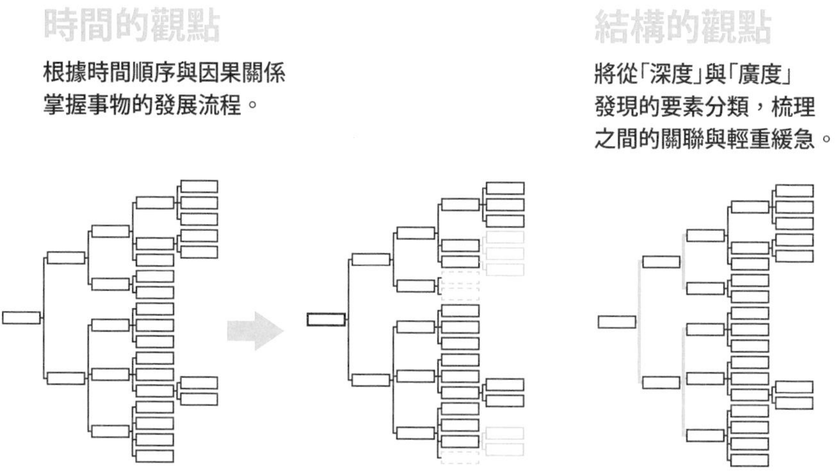
時間的觀點
根據時間順序與因果關係
掌握事物的發展流程。
結構的觀點
將從「深度」與「廣度」
發現的要素分類，梳理
之間的關聯與輕重緩急。

● **時間：根據時間順序與因果關係掌握事物的發展流程**。思考事物會如何隨著時間變化，才能提出合宜的方案，例如肌肉還沒練起來之前適合某套訓練菜單，肌肉量慢慢增加後更適合另一套訓練菜單等等。

我在建議他人「提高解析度」時，也會先釐清對方現在應該加強深度、廣度、結構、時間中的哪一項觀點，再提出具體可行的方案。

本書會分別就這四種觀點詳細講解提高解析度的方法。在此之前，得先探討一下「深度」「廣度」「結構」「時間」各自的意涵。

深度

假設我們吃了一道美食，在解析度低的狀態，可能只會覺得「好吃」；但如果我們是廚師，或許有辦法透過外觀和味道判斷這道菜的名稱、用了哪些食材。如果吃的是魚，也許還能辨別更多細節，例如這是什麼魚，現在這季節、這地方剛好是這種魚的產季，所以肉質很好，而且用了某種手法料理，才能做出這種滋味……如果能夠像這樣根據自己的實務經驗與第一手資訊，仔細分析眼前事物，深入探究並精準說出美味的原因，就代表這個人具備**深度**的觀點。

缺乏深度，便無法發現根本問題。假設我們面臨的課題是「營業額下滑」，這時就需要挖掘可能的原因，是因爲客戶減少、產品單價下降，還是平均購買頻率下降？換句話說，深入挖掘現象背後的原因與可能性，就能提高解析度。

現在請你想像自己發高燒，憂心忡忡地前往醫院，醫生簡單問診後，判斷你體溫偏高，開了退燒藥給你，你吃了藥，也退燒了。殊不知一個月後又發燒，而且這次肚子還痛得厲害，你猜搞不好是因爲最近吃到沒煮熟的雞肉，於是又去找同一個醫生，結果醫生說了跟上次一樣的話，開了一樣的藥，你作何感想？這次明明還肚子痛，醫生卻只根據發燒的症狀開藥，你會不會覺得這醫生根本就沒

深入挖掘原因與解決方法的具體細節。

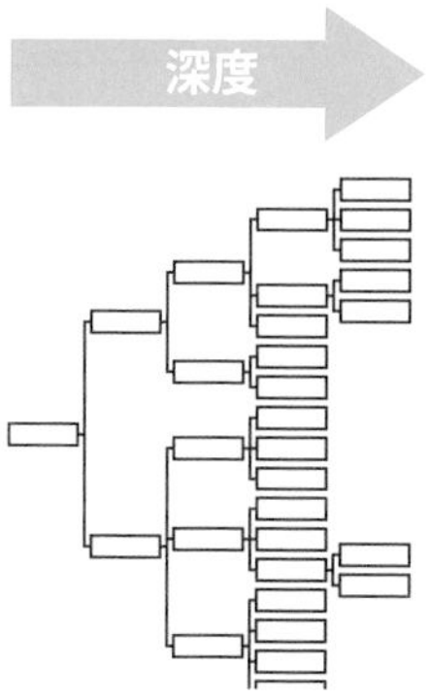

查明病因？上次可能是單純感冒，但這次搞不好是因爲吃壞肚子，又或是盲腸炎之類的其他原因也說不定。

如果這個醫師具備深度的觀點，就不會只看發燒的症狀，還會從不同角度詳細問診，試圖找出眞正的原因，可能還會視情況安排更精密的抽血檢查與糞便檢查，若發現這次發燒的原因和上次不同，便會採取不同的治療方法。

同樣道理，面對「營業額下滑」的課題，解析度低的人可能會輕率地斷定：「問題肯定出在拜訪客戶的次數，所以之後要多拜訪客戶。」解析度高的人則會根據數據推論：「營業額之所以下滑，是因爲販售同類型商品的競爭對手訂單增加，造成我們的客戶減少。競爭對手訂單增加，是因爲他們採取大幅降價的策略。他們之所以大幅降價，是因爲考量到客人會順便購買其他商品的可能。所以我們得設法對抗對方的折扣策略。」

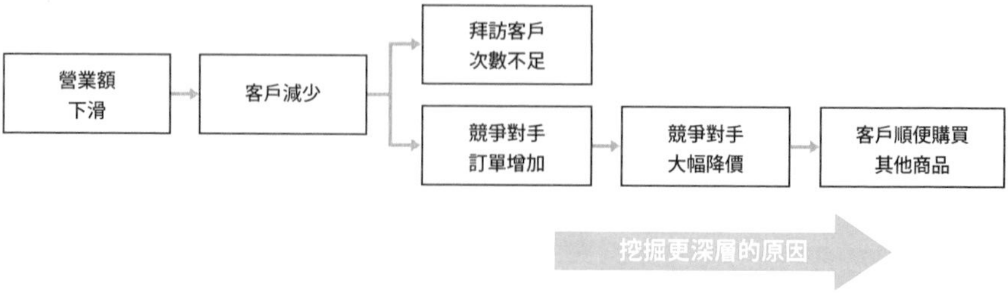

廣度

本章開頭以〈最後的晚餐〉爲例，我想應該有讀者覺得那張正方形的圖看起來很奇怪，其實，那張圖裁切掉了原畫中最重要的「猶大」，導致我們很難解釋畫的意涵。所以說事情不能只看一部分，若缺乏**廣度**的觀點，就不算解析度高。

以料理來說，專門介紹餐廳的美食記者，對於食材和料理手法可能沒有專業廚師那麼瞭若指掌，但也因爲吃多看多，所以能透過比較不同店家的特色，掌握一道料理爲什麼好吃。像這樣擁有豐富知識，能夠爲美食定位，也是高解析度的表現。

思考商業課題時，**從各種角度與方式探討問題，也有機會發現意想不到的原因與可能性**。

假設各位現在任職於醬油公司，面對的課題是「必須做出更美味的醬油」，一般人應該會往醬油品質的方向思

多方考量各種原因與解決方式。

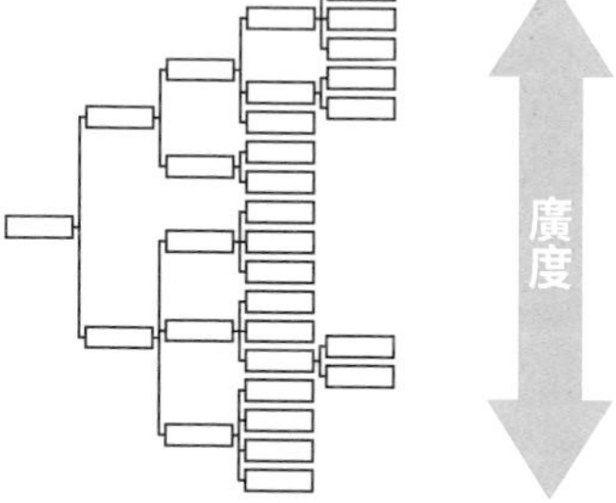

廣度不足

周圍解析度不足

廣度與深度兼具=解析度高

考，挖掘背後的原因，例如檢討黃豆的品質有沒有問題、發酵是否充分等等。

但我們能不能以更寬廣的視野去探討？

或許也有人注意到，可能因爲現代社會飲食習慣改變、小家庭增加，醬油的使用需求變得比以前少，而隨著醬油使用頻率下降，開封後接觸空氣的時間增加，許多人沒發現醬油已經氧化不新鮮了，卻還是繼續使用。

像這樣思考，就會發現醬油的滋味除了醬油本身的品質，也會受到氧化等因素影響。察覺到不一樣的原因，就有機會找到截然不同的解決方法，例如換成可防止氧化的醬油瓶[1]。

在一個領域耕耘數十年的企業或專家，大多都具備深度的觀點，這時只要分一點資源出來拓展視野，解析度就能更上一層樓。

發展新事業或創業時，擁有寬闊的視野，才能察覺到眞正的課題。討論解決方案時，也需要多方思考，才有機會發現有效的解決手段。想提高解析度，鑽得深很重要，看得廣也同樣重要。

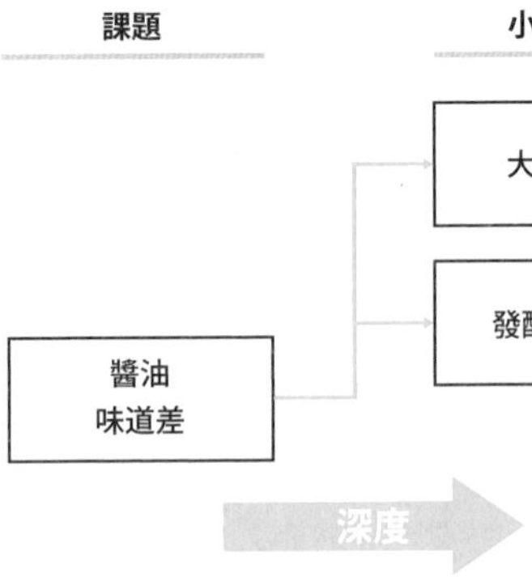
課題
小課題
大豆品質
發酵不充分
醬油
味道差
深度

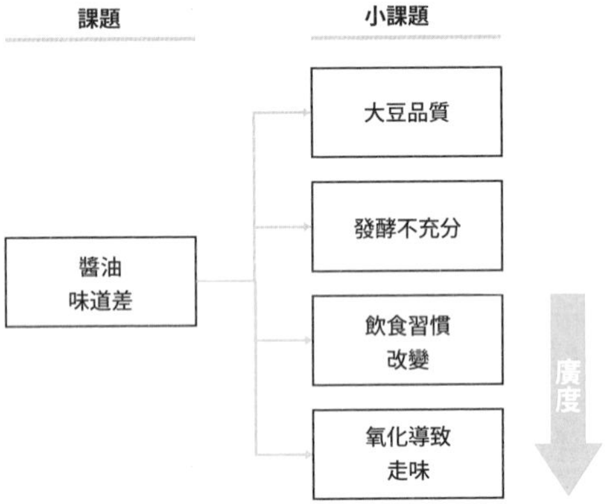
課題
小課題
大豆品質
發酵不充分
醬油
味道差
飲食習慣
改變
氧化導致
走味
廣度

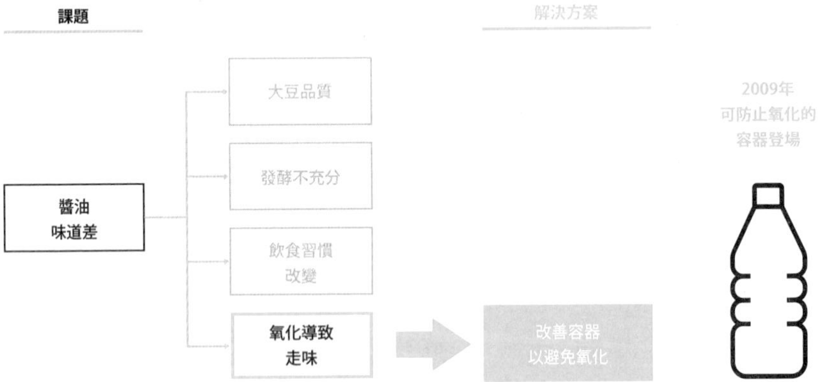
課題
解決方案
大豆品質
發酵不充分
醬油
味道差
飲食習慣
改變
氧化導致
走味
改善容器
以避免氧化
2009年
可防止氧化的
容器登場

結構

從深度、廣度的觀點探討過事物的原因與解決方法後，還需要將這些要素整理出結構，否則只是散亂的資訊。掌握結構，才能理解要素之間的關聯與輕重緩急。將事物**結構化**，是提高解析度不可或缺的步驟。

假設現在有個開餐廳的朋友委託你調查這陣子餐廳營業額下滑的原因，也給了你實際的營業額數據。面對數千行的數據，一條一條看下來，恐怕也找不出原因。這時，應該先將數據整理出結構，將營業額拆解成客單價×來客數，客單價再區分成食物或飲料兩個部分，食物可細分爲套餐或單點，飲料也可細分爲酒精或無酒精，只要分解細項，就能找出是哪類商品的營業額下降。

來客數的部分，也可以分成第一次上門的新客

將從「深度」與「廣度」發現的要素分類，
梳理之間的關聯與輕重緩急。

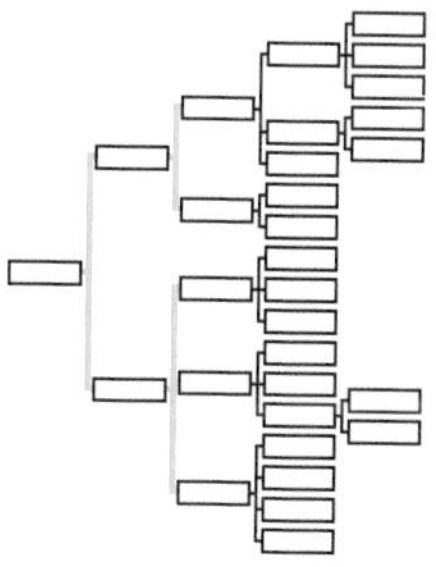

人、來二到三次，還是來四次以上的回頭客，分析是哪類客人上門頻率下降。像這樣掌握營業額的結構，才能找出課題的根本原因，例如：「營業額之所以下滑，是因爲這幾個月新客人大幅減少。」

發展新事業，調查過往事例時，即便蒐集到大量成功與失敗的案例，也有一定深度的了解，只要案例之間沒有建立關聯，就不算解析度高。必須了解**每個案例的異同與關聯，其中哪項要素特別重要，又為什麼重要**，否則這些案例就只是堆積的資料，無法帶來任何新發現。

理解課題時，如何將蒐集到的要素整理出結構很重要；而提出解決方案時，資訊缺乏結構也會大大影響說服力。

打個比方，假如現在有個科學家說：「爲了帶給人們幸福，我要做出哆啦A夢。」乍聽之下

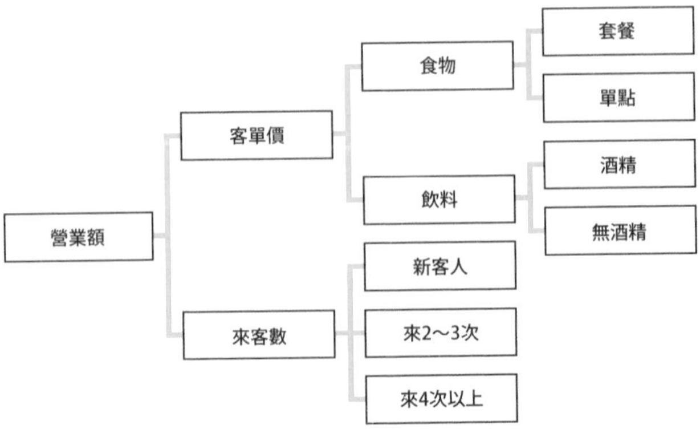

沒什麼問題，可是「帶給人們幸福」和「做出哆啦A夢」兩者之間並沒有關聯。即使技術上有辦法做出哆啦A夢，我們也看不出哆啦A夢的什麼部分和幸福有關，是那些神奇道具能帶給人們幸福，還是能跟哆啦A夢一起冒險很幸福，或者是只要哆啦A夢陪在身邊就讓人感到幸福？這代表哆啦A夢跟幸福之間的連結（解決方案的結構）並不明確。唯有將經過深入、廣泛探討的要素加以結構化，才能提高解析度。

時間

再以料理爲例，食材的味道會隨著時間改變，比如太早採收的水果不甜，放太久又會壞

根據時間順序與因果關係
掌握事物的發展流程。

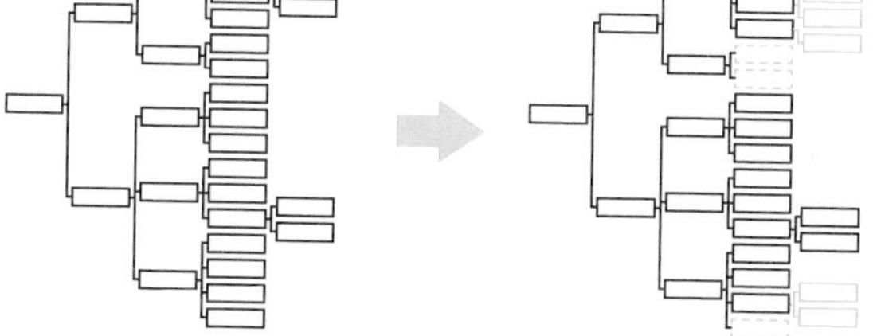

掉；而有些肉品刻意放一段時間熟成反而更美味。一個人對食材的解析度如果夠高，就會知道食材的味道會如何隨著時間改變，而不只是知道某一時間點的味道，因此時間也是非常重要的要素。

「深度」「廣度」「結構」都是在空間上提升我們對事物的解析度，換句話說，都是針對某一時間點。但別忘了，**我們生活的世界，時間不斷流逝，我們希望提高解析度的領域，其深度、寬度、結構也隨時在變化**。

商業就是在跟時間賽跑，可能原本還在處理某個課題，沒多久又碰上不一樣的課題。以前述的餐廳營業額結構來說，可能你好不容易發現問題出在新客人減少，但是才剛推出新客優惠方案不久，接著又要面對新

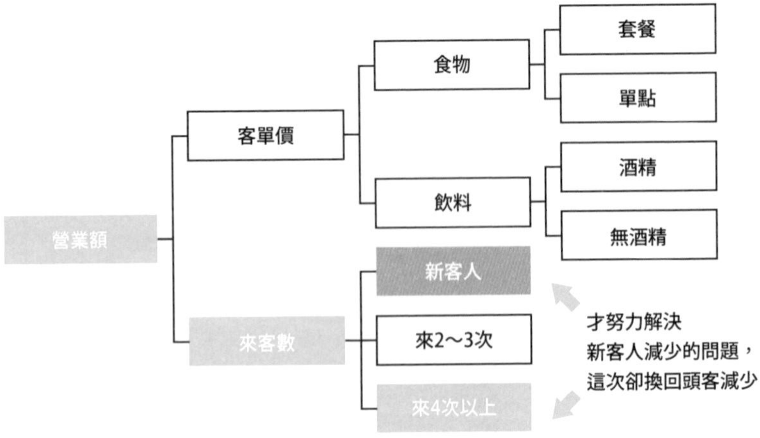

客人過多，回頭客減少的問題。商業課題就好比移動標靶，**客人的行動會改變，市場也瞬息萬變**。

掌握了事物的深度、廣度與結構後，還必須預測其發展方向，以免落入「分析時切題，行動時離題」的窘境。

此外，競爭對手也可能突然打出有效對策，改變市場環境，對我們的商業活動造成影響。因此研擬對策時必須考量時間因素，比如：「我們推出新客優惠方案，競爭對手也會有樣學樣，所以我們的促銷活動必須以簽訂長期契約爲前提。」如此考量到時間帶來的變化，才稱得上解析度高。

以上就是提高解析度的四個觀點：「深度」「廣度」「結構」「時間」。

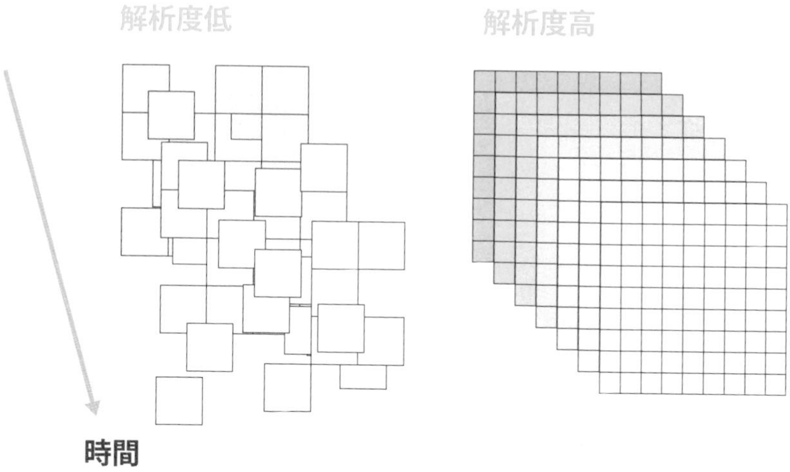

用顯示器來比喻，**深度相當於每個畫素的色彩鮮豔度**，**廣度則是畫素的數量**。但即使畫素的色彩鮮豔度高、數量也多，若排列得雜亂無章，顯示的畫面也是一團糟，因此**結構**很重要；再加入時間軸，**讓靜止的畫面隨著時間變動，就會成為影片**。

多數人的問題在於「深度」不足

「深度」「廣度」「結構」「時間」這四個觀點會互相牽動，不能偏廢。

即使擁有豐富的實務經驗，獲得許多幫助你鑽研的資訊，鑽研到一定「深度」後，自然需要從「結構」的觀點來分析遭遇的各種狀況。同樣的，即使具備「廣度」的觀點，到了要判斷應該深究哪個部分時，也需要「結構」與「時間」的觀點。而如果單純分析「結構」，將資訊整理得有條不紊，也無法達到一定的「深度」與「廣度」。總而言之，「深度」「廣度」「結構」「時間」必須達到平衡，才能提高解析度。

最常見的失衡情況，就是深度不足，所以我建議各位**先從「深度」著手**。許多創業者都有深度不足的問題，他們仿效國外的新創事業，商業模式也看似行得通，但他們幾乎都沒有深入探討顧客的課題，以至於推出的商品顯得隔靴搔癢。這樣的狀況一再地發生，以我協助過的客戶來說，有八成以上的新手創業者都有商業構想深度不足的問題。但反過來說，**只要在「深度」方面下足功夫，便能脫穎而出**。

從前，見多識廣的人比較吃香，然而到了現代，上網就能獲得五花八門的資訊，要查閱報告與論文也不難。相對來說，像是「教育現場面臨的問題」「企業如何改善應用程式」「創業失敗的原因」這種具有一定深度的資訊，無法上網取得，因此很稀有。所以我建議第一步先實地勘察，取得稀有、具體且有深度的資訊。當你分享有深度的資訊，別人自然會被你的見解吸引，這麼一來，你也能從更多人身上獲得更多的資訊與討論機會，逐步充實寬度、結構與時間的觀點。**先確保深度，就能推動提升解析度的良性循環**。各位可以將思考的重點擺在如何增加深度，而且不要空想，要實際行動。本書與以往談論思考的書最大的不同，就是注重透過行動來思考。實際行動，才能獲得詳細的資訊，加深思考，進而提升解析度。

下頁表格統整了常見的失衡情況，其中白領階級最常發生的，就是過度拘泥於廣度和結構，一味地調查、分析，卻缺乏實務經驗，深度不足，解析度也難有突破。擁有策略顧問或經營企畫背景的創業者，通常很擅長蒐集資訊並結構化，乍看之下，資訊整理得有條有理，卻沒有深入探討顧客的具體問題，簡單來說，就是深度不足。容我再三強調，如果不知從何下手，先先從「深度」著手就對了。

常見症狀	建議對策
缺乏分析，因此無法達到足夠的深度與廣度。	蒐集到資料後，從結構和廣度的觀點進行分析。
缺乏行動，沒有實際經驗，因此能抵達的深度有限。蒐集到的資訊過度瑣碎，難以促成新發現。	付諸行動，思考時留意深度與結構。
缺乏行動，沒有實際經驗，因此能抵達的深度有限。	實際行動，動腦思考，留意思考深度。
對現狀的解析度還不高，就急著遙想未來。	先從深度、廣度、結構等觀點提高對現狀的解析度。

失衡情況	常見行動
過度偏重「深度」	事必躬親，蒐集大量第一手資訊，卻沒有結構化。
過度偏重「廣度」	一味地蒐集大量資訊與拓展人脈。
過度偏重「結構」	只分析特定的領域。
過度偏重「時間」	過多預測與妄想。

2

檢驗自己現在的解析度

在講解提高解析度的具體方法之前，先檢驗一下自己現在的解析度。請各位用自己平常思考與看待事情的方式，以及目前正在處理的工作，對照書中內容，檢驗自己的解析度。

你知道自己不知道什麼嗎？

你在看報紙、電視、網路新聞時，是否會冒出疑問？如果你毫無疑問，照單全收，可能是你對相關領域的解析度不高。如果解析度高，看到一則新聞便會冒出不同的觀點，或想像報導未提及的部分，好比說「某方面的確如此，但其他方面也可能有不同意見」或「某部分被刻意忽略了」。

低解析度的典型症狀，就是**不知道自己不知道什麼，所以沒有疑問，問不出問題**。我相信很多人以前在學校時，老師問大家有沒有問題，也不知道該問什麼才好。畢竟對事物沒有一定程度的了解，也不會產生疑問。要像研究人員等特別鑽研某個領域的人，才有辦法說出自己「不懂的事」與「還不懂的事」。

研究人員在撰寫論文時，會先調查自己「知道的部分」，再揪出自己「還不知道的部分」。換句話說，就是讓自己達到**能清楚說出「未知」**的狀態，再從中挑出相對重要的部分，說明解決問題的意義，建立解決方法的假設，並加以驗證，如此慢慢解開未知的謎團。研究人員應該具備這樣的高解析度。

商業上也一樣，許多知識生產者也算是某種研究人員，因爲他們持續研究市場，不停思索問題與解決方法。假設他們根據一家店的營業額數據，發現問題出在新客人減少，便會提出「爲什麼」「從什麼時候開始」等疑問，並逐步查明原因。

我常聽優秀的創業者說自己以前什麼都不懂，其實背後的意思是他們一路上碰到不懂的事就努力搞懂，增進新知。所以，我們的首要之務是釐清自己不懂的事。

下面就來檢驗你對於商業構想、向客戶介

為了檢驗自己現在的解析度，
請先列出自己知道的事與不知道的事

知道的事	不知道的事
新客人減少	為什麼？ 何時開始？ 持續多久？ 同業狀況如何？

紹自家產品，以及擬定業務改善措施的解析度。

你的想法和提案能不能填入以下的商業構想確認表[1]？如果可以，填完後請以第一章介紹的四種觀點檢驗自己的解析度。

商業構想確認表

＿＿（填入目標客群）＿＿在＿＿（填入狀況）＿＿的狀況下，

面臨＿＿（填入課題）＿＿的問題。

因此我提出名為＿＿（填入產品／服務名稱）＿＿的＿＿（填入產品／服務領域）＿＿。

其優點在於＿＿（填入優點）＿＿，

且與＿＿（填入其他同性質產品／服務）＿＿不同，

特色在於＿＿（填入差異化要素）＿＿。

各位可依自身情況更改填空項目，如果是針對企業公司內部，可以將「目標客群」換成**「團隊成員」**，將「產品／服務名稱」換成**「變革的部分」**；如果是客服，可以將「產品／服務名稱」換成**「向客戶提出的解決方案」**。

論述是否簡要、見解是否獨到——檢驗「結構」

如果想不到空格裡要填什麼，或是有太多選項難以取捨，又或是怎麼寫都很冗長，代表「結構」有待加強。解析度高，說話才能**簡明扼要**，因為已經將資訊結構化，掌握重點，說明時便能省略不重要的部分

縱使你對自己的答案充滿信心，實際向別人說明時，如果對方反問：「那是什麼意思？」或認為你的說法缺乏說服力，代表論述的結構還不完整，要素之間的連結缺乏脈絡、太過跳躍，聽的人就容易出現這種反應。

解析度高，也會帶來**獨到的見解**。觀察別人聽了你的想法後有什麼反應，如果不怎麼吃驚，甚至反問：「所以呢？」「那有什麼價值？」也代表解析度不夠高，見解不夠獨到。雖然也可能是對方無法理解，不過碰到這種狀況，最好還是先審視自己論述的結構。

如果只是列出一堆範例，很容易招來對方反問：「所以呢？」假設你想針對餐飲業

推出某項服務，向客戶介紹店家A的問題有哪些、店家B的問題有哪些……在列出一堆範例後，卻沒有指出通病和重點，客戶自然會問你：「所以呢？」你確實擁有豐富的資訊，未來也可能深入探討其中某些部分，然而，沒有整理出結構，便無法提出獨到的見解，也難怪聽的人會反問：「所以呢？」

論點是否多元——檢驗「廣度」

如果你已經將資訊結構化，也鎖定了重點，卻還是欠缺獨特性，這種時候，問題大多出在「廣度」不足。結構化是指能夠說明自己爲何在眾多選項中做出這個選擇，那麼廣度的衡量標準便在於**是否確實掌握「眾多選項」**。比方說，對於經營餐廳解析度高的人，自然清楚經營上需要注意的眉角，知道不是東西好吃就好，還能就地點、服務、餐具、照明、作業流程等各方面侃侃而談。不但熟知一般顧客的行爲模式，也看過某些奇特案例，只要看得夠廣，並整理出結構，就能掌握每個行爲背後的理由，也能從不同層次、多種面向說明關聯。

如果想檢驗自己目前對某項商品或服務的解析度，最有效的方法就是看自己能不能

從多種面向詳細闡述與競爭對手的差異。視野寬廣的人，在製作自家產品與競爭產品的比較表時，通常能想出很多評估項目，列出來的表單也是很長一張。再經過結構化，便能釐清當中什麼要素最重要，排出優先順序，簡化成重點項目比較表。

相反的，解析度低，能想到的評估項目少，就只能比較「設計」之類的抽象要素。此外，像是「完勝競爭對手」「品質更優秀，價格更便宜」之類的說法，也是解析度低的表現。除非自家公司的技術真的壓倒性勝過他人，否則不可能出現「完勝」的情況。如果有這種感覺，通常只是沒察覺自己的弱項而已，所以請先檢視自己的視野夠不夠寬廣。

至於「沒有競爭對手」的錯覺，極可能也只是調查得不夠充分，對競爭對手的認知太粗淺。假設真的沒有競爭對手，那就代表沒有需要解決的顧客問題，等於沒有市場。如果有需求，即使市場上沒有競爭對手，也應該存在某些替代品才對，若能明確指出替代品是什麼、顧客對替代品有什麼不滿，代表你的視野夠寬廣，也具備結構與深度。

顧客心中的
優先順序

	自家公司	競爭對手1	競爭對手2
優點A	○	○	○
優點B	○	×	○
優點C	×	×	○
優點D	○	○	×
優點E	×	○	×
優點F	○	○	○
優點G	○	○	×
優點H	○	×	×
優點I	×	○	○
優點J	×	×	○
⋮	⋮	⋮	⋮

解析度高，才能列出與競爭對手的差異，
以及顧客重視的項目，排出優先順序。

	自家公司	競爭對手1	競爭對手2
優點A	○	○	○
優點B	○	×	○
優點C	○	×	○
優點D	○	○	×

原則上不可能「完勝」。

內容是否具體——檢驗「深度」

前面那張商業構想確認表，就算只用一些表面資訊也能填好，例如在「狀況」填入「新店開幕」，在「課題」填入「營業額」，在「目標客群」填入「餐廳」，然而「因應新店開幕，解決餐廳營業額課題的產品」，聽起來未免太籠統，一點意義也沒有。你能將填入詞彙背後的原因**說明得多詳細、具體**，是檢驗「深度」的指標。

我們可以透過5W1H（Why／What／Who／When／Where／How）或6W3H（5W1H＋Whom／How much／How often）拆解狀況，審視自己能說明得多詳細。很多新事業構想解析度太低，都是因爲**不夠了解「目標客群」**（Who、Whom）。比方說，創業者主張自己服務的客群是「欠缺資訊的人」，可是當我要求他們指出具體是哪個人、有什麼樣的困擾，他們就回答不出來了。如果能明確舉出一名顧客，專注談論這名顧客的情況超過一小時，這樣才算具備深度。請各位檢視自己對於目標客群能說明得多詳細，能否闡述對方的困境、遭遇的頻率、爲此花了多少錢等具體情況。

立論空泛、陳腔濫調，都是解析度低的症狀，聽者也會覺得：「乍聽之下是沒錯，但沒什麼深度……」解析度低的人經常提出「欠缺資訊」「營業額低迷」等各行各業都會碰到的課題，或說出「人都挑便宜的東西買」「只要推出有辦法增加營業額的服務就會賺錢」這種套用在任何事情上都說得通的意見。有些面試者被問到未來職涯期許時，只給得出「我想進步」這種模糊的答案，也是因爲對自己職涯的解析度低。

如果還是想解決這種普遍性的課題，請先檢驗看看有沒有辦法**將背後原因分解至少七層**。假設問題是「餐廳營業額低迷」，第一層原因可能是「客單價拉不上來」，因爲「飲料銷量低於預期」，因爲「客人很少點超過三杯飲料」，因爲「飲料選擇太少」，因爲……像這樣一層層挖掘更深層的原因。

解析度低的另一個典型症狀是，面對抽象課題時，只會提出「反過來說」的解決方案，例如「現在的應用程式不好用」，所以「要提供更好用的應用程式」；因爲「欠缺資訊」，所以「要提供更多資訊」；因爲「找不到合適人才」，所以「要提供人才配對」；因爲「不熟悉產品」，所以「要讓顧客更熟悉產品」。然而，這些問題會留到現在還沒解決，背後一定有什麼原因，沒

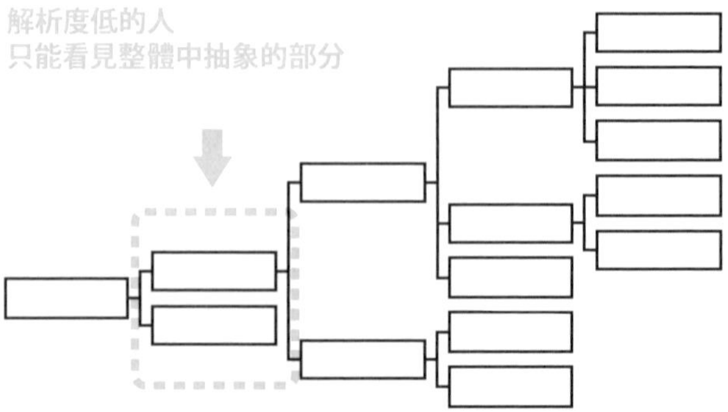

有深入了解原因，就很容易出現以上狀況。

實踐步驟是否清晰——檢驗「時間」

解析度高的人，說話簡潔明瞭，觀點獨到具體，而且實踐的步驟明確，換句話說，「時間」脈絡清晰。以商業構想爲例，就是有辦法清楚列出產品／服務的**短期目標、長期目標，並說明最終目標為何，要採取什麼方法達到目標，為什麼採取這種方法最好，還能在這條漫漫長路上設定明確的數字作為中期目標**。很多人嫌設定目標或研擬計畫麻煩，但如果計畫粗糙，事情也難以順利進展。如果擬不出計畫，代表你對實現過程的解析度不夠高。還有一點要注意，就算目標和展望已大致決定，如果覺得自己不清楚實踐的步驟，或不知道第一步要怎麼開始，那可能也意味著你對目標和展望的解析度不夠高。

除了自身行動的時間軸，也必須顧及環境的變化。以商業來說，必須考量市場環境的變化，事先沙盤推演「敵我行動」，並列舉未來可能面臨的重大分水嶺。請各位檢視自己能否做到這一點。

將思考畫成樹狀圖

前面分別從深度、廣度、結構、時間四個觀點檢驗解析度，這裡我想介紹一個可以輕鬆檢驗的方法，就是將自己的理解畫成樹狀圖。

如果想檢驗自己對課題的解析度，就以最表層的課題爲起點，分析各種原因與要素，列舉在右邊（分析方法詳見第五章「結構」的部分）。再繼續分析這些要素，同樣將分解結果列舉在右邊，重複幾次，就能畫出反映你目前解析度的樹狀圖。樹狀圖往右延伸的長度，是**樹的深度**，深度若在七層以上（理想最好達到十層），代表你已經分析得夠深入。

樹狀圖的上下幅度，是**樹的寬度**，代表你舉得出多少選項。

樹狀圖若接近直線，代表廣度不足，或分

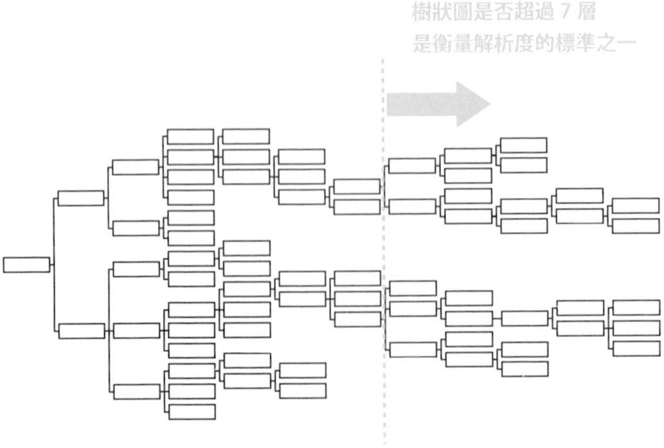
樹狀圖是否超過 7 層
是衡量解析度的標準之一

解不澈底，結構不完整。這時不妨問問自己：「該如何思考才能拓展樹的寬度？」「如果換一種分解方式，會畫出怎樣的樹狀圖？」畫樹狀圖時，最右邊至少要有兩個要素，才算完成分解。

接下來是**樹的結構**。如果結構完整，就能一層層深入探討，避免遺漏或重複，最終導出見解。如果你探討到一半卡住了，不妨重新審視一下結構。

當樹的深度、寬度、結構都有了，我們就能**從眾多可能原因中鎖定關鍵要素，並深入探討，然後又發現眾多可能，再次鎖定關鍵原因，又進一步深入探討**……比較各種可能，並針對最重要的原因思考解決方案。

最後是**樹的時間變化**。檢視自己能否預測樹狀圖會隨時間產生什麼樣的變化。

廣度不足、結構薄弱的樹狀圖

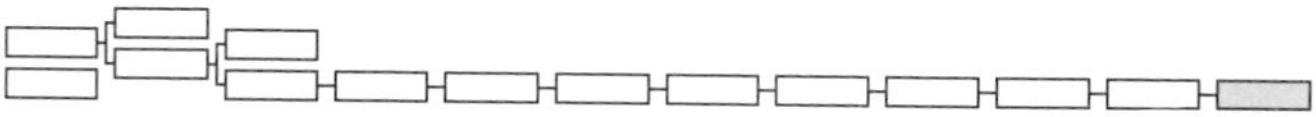

廣度充分、結構分明的樹狀圖

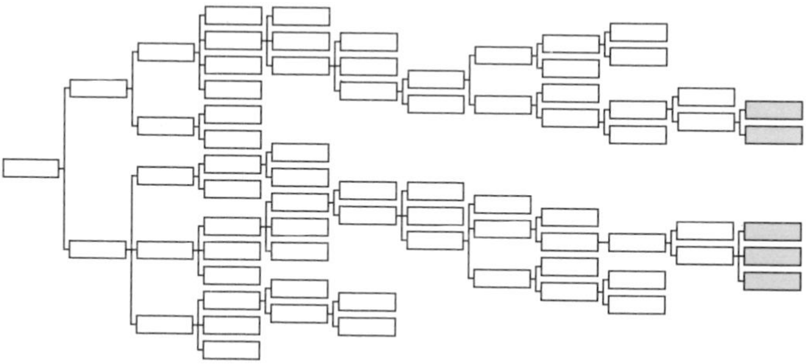

像這樣利用樹狀圖整理思考，就能簡單且有效掌握自己目前的解析度。各位不妨測試看看，你畫出來的樹狀圖是否擁有充分的深度、寬度，又是否具備扎實的結構、能否預測時間變化。

解析度檢測表

- □我說話簡潔扼要。（結構）
- □我有自信能將事情解釋清楚。（結構）
- □我見解獨到。（結構、廣度）
- □我能從不同層次、多種面向說明事情。（結構、廣度）
- □我能詳細闡述自家產品與競爭對手的差異，或明確指出替代品，以及顧客對替代品有什麼不滿。（廣度）
- □我對各項要素都有具體的了解（尤其是「顧客」）。（深度）
- □我能明確列出短期目標、長期目標、中間過程和目標數字。（時間）

若出現以下情況，代表解析度有待提升

- □對方反問：「那是什麼意思？」「好像沒什麼說服力。」（結構）
- □對方反問：「所以呢？」「那有什麼價值？」（結構、廣度）
- □立論空泛，套用在任何事情上都說得通。（深度）
- □提出的解決方法太粗淺。（深度）
- □不知道第一步從何開始。（時間）

Column 高解析度使你的視界更清晰

我認為世人對「長話短說」過譽了。長久以來，許多人都認為「能將複雜事情簡單說＝聰明人」。在YouTube上也一樣，能對社會議題提出淺顯意見的人也比較受歡迎。

說話簡潔扼要，的確是高解析度的表現之一，然而要做到這點，必須**確實了解事情的複雜性，並掌握重點**。或者說，自己必須先有高解析度的理解，溝通時再調降解析度，以對方容易理解的方式說明。我們得先了解事情有多複雜，了解的過程中，難免需要用到一些艱澀的術語或概念。換句話說，無論如何都得面對事物本身的複雜性。

比方說，「企業的社會責任在於增加利潤」，這是個淺顯易懂的原則，但只憑這個想法，絕對不可能將公司經營得有聲有色。經營者必須擁有經營的見解、概念，具備財務知識，掌握生產技術，有時也需要運用高度專業的術語才能推動事情進展。除此之外，也得顧慮股東以外的利害關係人錯綜複雜的思緒，包括員工對工作的想法、社會寄望的企業倫理等，才可能順利經營公司。

以簡單的答案回應複雜問題或斷定結論時，必須提防某些危險。陰謀論者主張所有事情背後都有人企圖操控社會輿論，這種見解確實淺白，但絕大多數都是錯的。

有些意見領袖也很習慣將事情過度簡化，透過分化社會博得支持；有些政治家也會利用某項主張，製造二元對立的局面來煽動選民。

人天生討厭曖昧不明的狀況，渴望事情一清二楚。處在混亂的情況下，會更加希望盡快得到簡單易懂的答案。然而，簡化有時也是一種毒藥。看待事情不該非黑即白，應保有灰色地帶，接受不知為不知，面對混亂與複雜。

擁有高解析度，才能以複雜觀點理解複雜事物。這不容易做到，需要努力與時間，但我認為，提高解析度，能讓各位眼中的世界更加鮮豔。

假設你來到公園，感想是只有「綠意盎然」，還是有辦法說出樹種名稱、葉脈又有什麼特徵？如果連樹種和葉脈特徵都講得出來，代表你是以高解析度在公園散步，能夠比其他人享受到更多的美好。

如果你對飲食的解析度低，評論時可能只說得出「好吃」或「不好吃」，但如果解析度高，就吃得出味道的差異、各家店的不同，也能用言語描述美味，與他人分享。如果你對自我情感和表現技法的解析度夠高，說不定還能成為藝術家。

提高解析度，世界看起來會更加鮮豔，我們能從這個世界獲得更豐富、精細的資訊，提升我們的體驗、表達與表現，甚至發現新商機。

這說起來容易，做起來難。想要提高解析度，平時就要仔細觀察自己生活的世界，多多留意過去視而不見的事物，努力理解。平常我們的認知機制都是自動運作，但是想要**提高解析度，必須關掉「自動模式」，切換成「手動模式」，自發性地觀察生活中的一切**。這不只勞心勞力，也需要一些特殊技巧，因為試圖了解這個世界的複雜，會增加認知上的負擔，但是只要積極且主動地觀察世界，同樣的風景也將煥然一新。

嘗試提高解析度，就是嘗試跳脫舒適圈。面對複雜的世界也不絕望，抱持疑問並勇往直前。儘管有時懷疑過度，可能會動搖自己相信許久的常識，甚至很長一段時間陷入掙扎，鬱鬱寡歡，痛苦的時間遠超過快樂的時間。

然而，這份苦楚正是你努力了解世界的證明，是你比其他人更深刻了解世界、更愛這個世界的證明。你的行為，比那些妄自論斷「世界就是這樣」而停止思考的人要崇高許多。

貝多芬曾經說過：「超脫重重苦難之後，是至福與喜悅。」要獲得喜悅，得先經過苦難，話雖如此，向前人學習超脫苦難的方法，並加以活用，也有機會縮短辛苦的時間。

本書將提高解析度的方式整理成範本，願書中提供的方法能或多或少協助各位度過難關，讓各位對世界、對社會、對人心與行為有更加鮮明的認知。

3

立即行動，堅持不懈，參考範本

各位測出自己目前的解析度了嗎？我們透過前兩章的內容，提高了對解析度這概念的解析度，接下來就是實踐。本章會先講解提高解析度的基本心法：「立即行動」「堅持不懈」「參考範本」，依序解說①爲什麼必須從「行動」開始，②怎樣才算「堅持不懈」，③「範本」又是什麼，最後也會談到在商業上如何提高解析度。

① 實際行動才能提高解析度

談論思考術的書普遍側重資訊與思維，但根據我個人經驗，光憑蒐集資訊與思維，並不能提高解析度。我也看過許多人儘管擁有豐富的資訊與卓越的思考能力，解析度卻不高。

這些人的共同點，就是**缺乏行動**。

高解析度有賴**「資訊」「思考」「行動」相輔相成**。這三項要素各自又分成「質」與「量」兩個面向，唯有提高資訊、思考、行動的質與量，才能提高解析度。

以料理來比喻，資訊就是食材，思考是廚師的手藝，行動則是實際下廚。好的食材，經過手藝一流的廚師烹調，才能成爲一道佳餚。客人吃了料理，給予回饋，就能讓這道菜變得更好。

如果食材壞了，廚師手藝再好，也很難做出一道好菜；而無論食材品質再好，做菜的人手藝差，同樣做不出美味料理。再者，如果沒有實際下廚，自然端不出料理，更不可能得到好吃不好吃的回饋了。

解析度也一樣，如果資訊（思考的材料）有誤，思考能力再好，也找不到對的答案；而無論擁有多優質的資訊，如果思考能力差，也無法做出正確判斷；縱然擁有優質的資訊與思考能力，不付諸行動，一切也只是空談，更無法得到回饋。

資訊、思考、行動都具備水準，才是理想狀態。然而，想提高解析度，**即使資訊和思考還很粗淺，也應該採取行動，反正先行動就對了**。唯有行動才能**得到他人與市場的回饋，這些都是無法從書上和網路上取得的資訊**。而且行動帶來的**體驗也能促進我們思考**，換句話

說，**行動可以推動良性循環，獲得更優質的資訊與思考**。

不知道各位認不認識一種人，他們思路不是特別敏銳，卻因爲積極行動而得到許多機會，最後功成名就？他們樂於分享自己的想法，大方公開自己稚嫩的作品，即使一開始品質不高，但隨著陸續交出更多的作品，終將產出優質的成果。又好比棒球選手，即使打擊率不高，但只要站上打擊區的次數夠多，安打數也會逐漸增加。隨著經驗大量累積，打擊率也會提升，甚至獲得演講或採訪的機會，進而拓展人脈，獲得更多優質資訊，產出更好的成果，形成良性循環。別人或許會以爲這種人只是運氣好，但這可不是單純的運氣，而是他們

積極行動，
以獲得優質資訊與思考，
推動良性循環

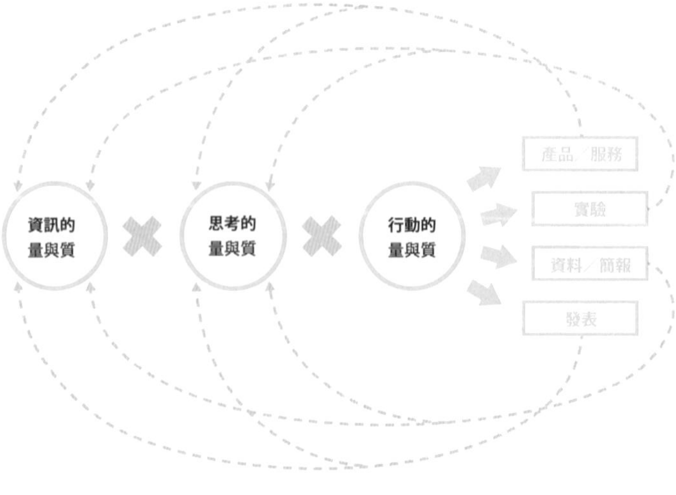

透過行動創造了容易發生好事的環境。

同樣的事情也會發生在企業上。比方說，有些企業擁有超群的行動力，業務跑得勤，從顧客身上獲得新的資訊，埋下思考的種子，再反映到產品或服務上。這種企業乍看之下鮮少思考，實則透過壓倒性的行動量提高了解析度。

創業也一樣。創業最重要的事情莫過於決定市場，然而鮮少有人一開始就能找到有前景的市場，就連經驗豐富、擅長思考與蒐集資訊的商場老手都可能誤判了，年輕創業者單憑自身才能，要相中市場何其困難？因此，年輕創業者更需要持續行動，蒐集珍貴的第一手資訊，找到有前景的市場。

很多人也是公開分享自己的作品後接到工作，或想到創業的點子。比如開發遠端操作建設機械系統的新創公司ARAV，執行長白久．雷耶斯．樹，他起初就是將自己開發的自動駕駛技術實驗結果分享在社群媒體上，吸引到建設業者洽談應用於建設機械的可能，進而在該領域成功創業[1]。白久執行長表示，儘管自動駕駛技術已成熟，但要運用於公路汽車的難度還是太高，因此遲遲無法商業化，但建設機械的使用範圍限於私人土地，商業化的可能性很高。這個例子就是透過實際行動，產出並公開成果，進而提高了自動駕駛技術應用範圍的解析度。

新創圈有一套概念稱作MVP（Minimum Viable Product），一般譯作**「最小可行**

性產品」，即提供使用者功能最基本的產品，蒐集回饋意見，吸收經驗，並周而復始。這是二〇一〇年代前半許多新創公司的成功模式，他們在早期實驗階段推出MVP，取得市場和顧客的回饋意見，再慢慢改善產品或服務。

以車子爲例，下圖最上方這種從零件開始組成車子的方法，並不算MVP，因爲第一階段的輪胎並無法單獨發揮車子的功能。至於一開始做了腳踏車、摩托車，最後產出汽車的情況，也不算MVP，因爲最終成品和使用者體驗相差太多，也偏離課題過多。

最底下的過程才是MVP。一

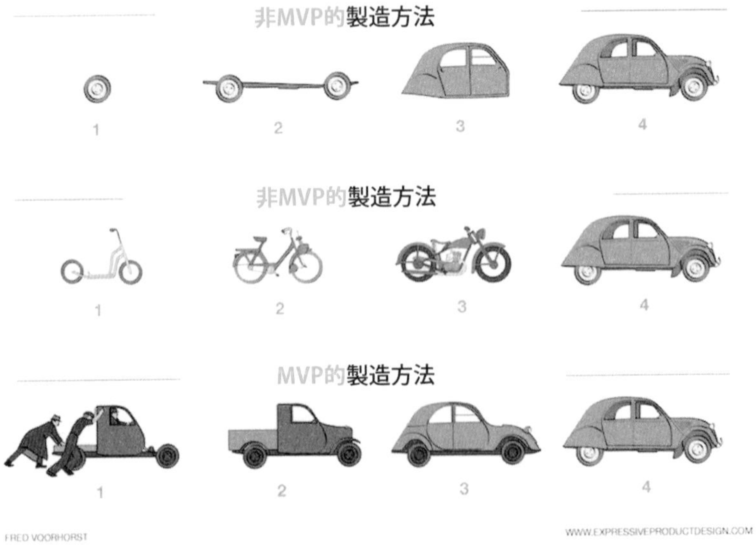

翻譯自 Fred Voorhorst "MVP - not "bike to car" "（Linkedin，2016年5月18日）。
https://www.linkedin.com/pulse/mvp-bike-car-fred-voorhorst/

開始，車子是人力推動，而非引擎，如此就不需要製作高成本的引擎，只要先做出簡單的車體，就能迅速提供使用者「乘坐在密閉空間內移動」的體驗，速度、舒適度、造型等方面欠佳也無所謂，能夠解決最基本課題的最基本產品，才算MVP。

製作並提供MVP，就是一種透過行動提高解析度的方法。

以下介紹一個實例。dinii是一家提供餐飲業服務的新創公司，在創業初期研發過訂位與點餐的應用程式，當時推出的MVP只有用戶端做得有模有樣，並沒有製作餐廳端的訂位系統。當用戶按下應用程式的按鈕，開發人員的通訊軟體就會跳出通知，開發人員再打電話向餐廳訂位，這樣就不必設計複雜的訂位系統，餐廳也不必花時間訓練員工熟悉新系統。當時開發端只花了五天便推出MVP，並開始吸取經驗，逐步改善應用程式。三週後，確

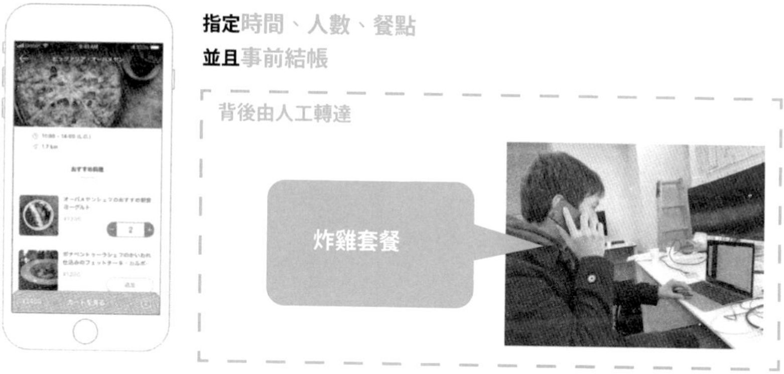

轉載自株式會社 dinii 當時資料

認用戶持續使用率達到六四%，第二十四天便找到了天使投資人。

MVP的概念也可以用於創業以外的事物，例如簡報可以做成「最小可行性簡報」（Minimum Viable Presentation，縮寫也是MVP），即使圖表不漂亮也無妨，只要放上最基本的數據，每張投影片打上標題就好。這種最小可行性簡報和最後呈現給客戶看的簡報相比，完成度可能只有二〇%，但拿這種簡報給其他同事或值得信賴的顧客看，觀察他們的反應，也能獲得許多指點。

製作完整的簡報很費時，美化圖表、檢查錯漏字，往往比想像中更花時間。假如簡報已經完成了九五%，才被指出搞錯了方向，等於前面那些時間都是白花的。但假如一開始就先做出最基本的簡報，觀察反應，就能避免上述情況發生。

出於不想被批評的心態，我們都希望東西做得盡善盡美再拿出來分享，然而這種行徑有時恐淪爲徒勞，害我們錯失改善的機會。大多時候，我們的目標是改善成品，而非避免受到批評。既然如此，我們應該快速做出最基本的成品，分享出去並參考他人的指教和意見，改善品質，這樣進展才會快，做出來的東西會更好。

MVP的概念還可以應用在很多地方，例如最小可行性企畫書、最小可行性機器人，只要不斷問自己：**「最小可行性的做法是什麼？」「可以獲得回饋的最基本行動是什麼？」**並付諸行動，就能推動提高解析度的良性循環。

製作MVP還算規模比較小的行動，有些人爲了提高對一領域的解析度，會採取更大規模的行動，實際投入該領域的事業。

以新創公司SMS爲例，他們旨在爲高齡社會打造資訊基礎設施，創辦人諸藤周平放眼高齡社會相關事業，決定投入這個未來五十年、一百年會持續成長的市場，並認爲與其屢屢進行短期間的調查，不如實際創業，收穫可能更多，於是先從獲利穩定的事業起步，也有所體悟[2]。這就是實際投入該領域，透過行動提高市場解析度的案例。

也有很多案例是先設立業界資訊網站，慢慢構築業界資訊網絡，然後才察覺更深層的課題。工程案件管理公司ANDPAD就是如此[3]。創辦人稻田武夫並沒有營造業的背景，他先設立一個以裝潢公司爲對象的資訊網站，獲取建設公司的信賴與相關知識，進而察覺服務的初步概念與可行性。另一例是二〇〇九年創業，如今已成爲東證Prime上市企業的RakSul，創辦人松本恭攝提過，他最早是先創立資本額較小的印刷公司比較網站，才開始從事商業活動[4]（設立資訊網站的成本在二〇一〇年代前半較低，也比較容易獲利，各位應注意不同時代背景可能適合不同的起步方法）。

即使初期事業的附加價值不高也無妨，只要實際投入該領域，開始從事商業活動，便能從做中學，提高解析度之後，就有可能發現阻礙商業活動的深層課題。

只要擁有一定程度的資訊與思考能力，就能透過行動提高解析度。想要創業卻苦無靈感的人，或新事業發展不順遂的大企業，往往是因爲資訊、思考、行動的質與量不足，尤其缺乏行動。蒐集的資訊不夠充分，思考也不夠深入，又不付諸行動，當然不可能成功，當中又以行動量不足特別容易導致失敗。

行動的重要性很難闡述，「不行動的藉口」卻是要多少有多少，尤其知識豐富、學過許多思考術的人，更容易輕忽行動。調查顯示，團隊中若有成員受過MBA等商管教育，往往更抗拒行動，導致事業發展不順遂[5]。

但不經思考莽撞行動，也容易勞而無功。同樣的行動量，有些人只是在同一個地方打轉，行動品質低落；有些人則是每次行動後都會稍作調整，往更好的方向進步。行動過程中必然會碰到需要深思熟慮的狀況，然而，當你身處未知或瞬息萬變的領域，最好避免過度思考，應該積極行動以獲得新資訊，再根據新

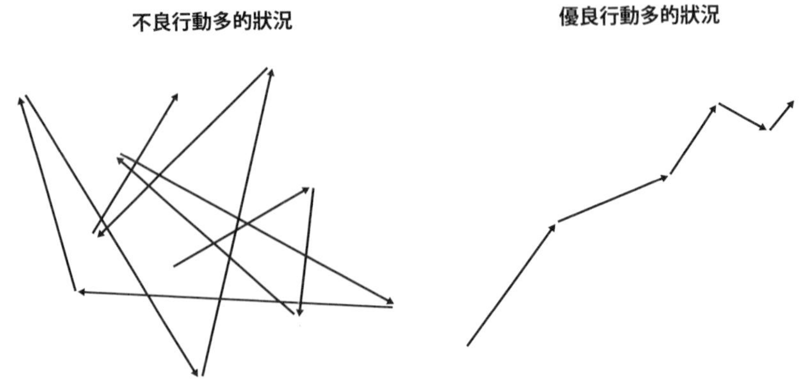

資訊來思考，重複這樣的循環，會比你花時間上網蒐集資訊、坐在椅子上沉思，更有機會找到正確答案。

資訊、思考、行動三者合一，才能得到好的成果。前述的調查也指出，受過商管教育的人若實際行動，會比其他人更容易取得商業上的成功。

因此，我建議各位致力縮短資訊、思考、行動的間隔。**得到資訊後立刻思考，思考後立即行動，透過行動獲得資訊後再深度思考。快速重複這樣的循環，就是提高解析度的訣竅**。

實際上，很多優秀創業者付出的行動與心力超乎常人，資訊、思考、行動的循環也快速運轉，判斷某項資訊或建議有意義，便立即實踐。假如有人建議他們：「一週要開發五名新客戶，事業才得以成立。」他們當天就會開始推銷，對他們來說，資訊、思考、行動的間隔就是這麼短。如此迅捷的團隊，最後也一定能想出好點子。

但儘管一再強調行動的重要性，人也很難說行動就行動，因此我們需要「行動的方法學」，搞清楚「如何行動」「碰到狀況如何應對」。**掌握行動所需的知識，會讓我們更容易採取行動**。

關於行動的方法學，留待第四章再詳述。

②堅持不懈

資訊、思考、行動**都必須投入充分的時間才有效果**。包含想創業的人，很多人都小看了提高解析度所需要的時間。我也見過一些人以爲「只要學了創業基礎知識與方法，就能在短時間內想出好點子」，眞的實踐時才發現「好點子沒那麼容易想到」。那還用說！

雖然好的方法能提高發想點子的效率，但仍得花費相當的時間。這就好比用對方法可以提高學習效率，但仍需要花費一定的時間才會有成效。

我也是花了好長一段時間才提高對解析度這概念的解析度。起初，我發現自己在接受創業者諮詢或回覆應徵者的過程中，經常回覆對方：「聽起來是因爲解析度不夠。」於是我開始思考解析度的意涵。原先我對這概念的解析度還很低，說明起來也煞費心神，但隨著我不斷思考，不斷寫下想法並嘗試和身邊的人分享、與團隊成員討論，我也逐漸了解「怎麼解釋會更清楚」「解析度的概念可以如何結構化」。

根據我的經驗，一個領域至少要投入一千個小時，才能稍微看見好點子的曙光。首先，**至少要花兩百個小時在資訊、思考、行動上，才能找到初步概念；驗證初步概念的好壞，則需要再花上兩百到四百個小時。而初步概念十之八九是錯的，所以又要再花兩**

百個小時重新思索，接著再花兩百到四百個小時驗證對錯，光是這樣加起來就要一千個小時。這已經算快了，很多團隊花的時間更多，費盡千辛萬苦才想出優秀的點子。

一千個小時是多久？假設一天工作八小時，一個月營業二十天，就等於六個月的時間。如果當副業來做，包含假日在內，假設一天只能花上兩小時，那就必須耗費一年以上的時間。據我所見，從毫無頭緒到想出好點子，有底子的人或資質優秀的人也得花上一年，絕大多數的人則必須花上兩年。當中不乏摸索到一半才大幅改變方向的案例，也有人是半途而廢。要想出好點子，比起聰明、有資質，更需要堅持下去的毅力。

但這不表示肯花時間就一定會成功，還必須確保資訊、思考、行動的品質達到一定水準，例如閱讀艱深的書籍，有時獨自苦思，有時集思廣益。換句話說，時間的質與量缺一不可，必須拚命蒐集資訊，絞盡腦汁思考，持續大量行動，才能發現好點子。

各位一聽提高解析度需要花這麼多時間，或許會感到絕望，但絕望即希望，因爲這代表你持續提升自己，其他人可沒那麼容易追趕上。雖然偶爾可能會冒出個天才，一舉超前，但天才就是因爲難得一見才稱作天才。既然如此，**只要我們願意努力，就能維持自己在特定領域的優勢**。

堅持不懈，是提高解析度時必須銘記在心的態度。

③ 參考範本

行動時不能想到做什麼就做什麼，必須找到有效率的做法與最佳典範。建議先學習那些方法再行動，這就是本書針對提高解析度的方法學——「範本」。

範本，就是濃縮前人成功與失敗經驗的最佳典範。照著範本行動，可以有效進步，避開新手常犯的錯誤。

日本武道與茶道中有所謂「守破離」的概念，用以描述修行的階段：首先模仿師父的做法（守）；接著慢慢摸索適合自己的方法，打破過往所學（破）；融會貫通後便能超脫範本，發展自己的流派（離）。這個順序非常重要，如果一開始沒有確實學習範本，就急著進入下個階段，也不會有效果。當然，能打破常規的大有人在，尤其像創業這種本身就在創造先例的事情，很多時候也應該跳脫範本。然而，想打破常規，也得先了解常規，否則就只是恣意妄爲。

我至今所見那些**能迅速提高解析度的團隊，都很重視提高解析度的「範本」**。這些團隊會先學習範本，老實仿效，偶爾才跳脫範本，另闢蹊徑。打從一開始就我行我素、不顧方法學的團隊，或盲目改變範本做法的團隊，發展事業的速度往往比較緩慢，也較難萌生好想法。

有些團隊可能是因爲感覺不到範本的效益，才會一意孤行，還沒理解範本，就急著跳到「破」和「離」的階段。學習武道和茶道也一樣，通常得花上好幾個月才能參透招式（範本）的效果與意義，在那之前，只能安分苦練。很多團隊也是經歷過慘痛的挫折才意識到範本的重要性，然而那些挫折，其實只要學過範本就能避免。

如果範本已經跟不上時代，舊見被新知推翻，那就應該樹立新的範本，不過這終究屬於「破」和「離」的階段。我建議**一開始還是打從心底相信範本，實踐個至少半年**。

相信範本，團隊做事也會比較有方向。舉例來說，皮克斯動畫工作室相當注重「信賴流程」[6]的原則；此處的流程是指皮克斯建立的一套方法學。儘管創作路上滿是艱辛與挫敗，但只要按照特定流程運作，就能度過難關。更重要的是，若所有成員都信賴流程，整個團隊就能朝著相同方向持續邁進。換句話說，團隊最好共享專案的 Why（願景）、What（要做的事情），以及 How（如何進行）的信念。

無論從事什麼專案，都難免經歷迷惘，彷彿怎麼找也找不到答案而失魂落魄。我就有過這種經驗（撰寫本書的過程也是），許多新創公司也一定嘗過這般辛酸。這種時候，有一套打從心底相信的方法學眞的很重要，這樣團隊才能繼續前進。

這樣堅持不懈，終將有所收穫。我至今見過上百名創業者，能在其投入領域培養出高解析度的，不外乎那些熟悉正確方法學（範本），資訊、思考、行動的質與量兼備的人。儘管以高解析度發想的事業能否一飛沖天也得看運氣，但至少高解析度已爲他們的優秀創意奠定了基礎。

請各位先嘗試本書的方法學一段時間看看。**參考範本，立即行動，投入時間，堅持不懈，這才是最快、最有效提高解析度的一條路。**

這裡我們整理一下提高解析度的重點。解析度包含「深度」「廣度」「結構」「時間」四個觀點，想提高解析度，「資訊」「思考」「行動」三者必須相輔相成，其中又以「行動」特別重

解析度的 4 個觀點

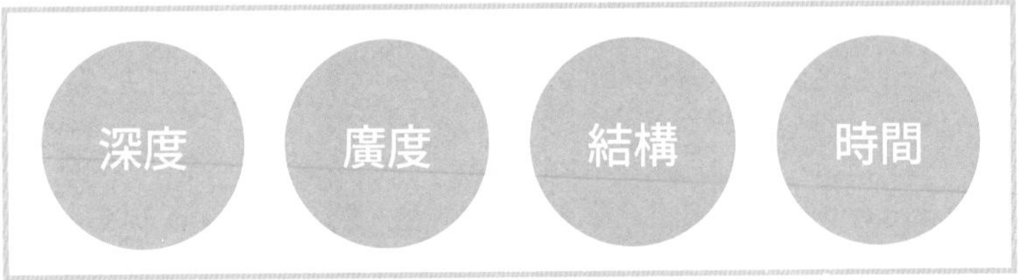

提高解析度的 3 個基本心法

要。一切都從參考範本行動開始，並且堅持不懈。

提高課題與解決方案兩者的解析度

下一步，我們談談商業上應提高什麼東西的解析度，也就是我們要針對什麼部分推動資訊、思考、行動的循環。

關鍵在於「價值」，商業活動必須創造**「價值」**，這也是爲何我們經常聽到「附加價值」「工作價值」等說法。商業上，價值的定義不一；經濟學上，價值的意義同樣眾說紛紜。不過本書認爲價值的意涵是**「顧客從產品或服務獲得的好處與滿足感」**。影響價值的因素包含品質、便利性、安全性、利益、樂趣等等。一項產品通常包含多種價值，舉例來說，咖啡杯的價值包含可以飲用美味咖啡的便利性，杯子漂亮也能提高擁有者的滿足感。不同人在不同情況下，對於便利性與外觀的重視程度也不盡相同。

以商業上來說，解決顧客和公司的問題才能創造價值。

B2B（企業對企業）的商業活動，要解決的是顧客業務上的問題；B2C（企業對消費者）的商業活動，可能需要透過產品或服務解決消費者「想要提高打掃效率與成果」之類日常生活上的問題，也可能是開發應用程式滿足消費者「認識他人」之類心理方面的需求，又或是建立保險制度，令消費者不必擔憂「生病時需要支付的醫療費用」。B2C的娛樂活動，也是爲了滿足我們「玩樂」「殺時間」等需求而生的服務，創造了興奮感等價值。

只要有課題、有解決方案，且兩者相互吻合，課題得到解決，便能創造價值，企業也能獲得與價值相當的金錢報酬。

創造的價值愈大，可能獲得的報酬也愈高，反之則愈小。而報酬與解決成本的差額，就是公司的盈餘。

新創圈將課題與解決方案吻合的狀態稱作「problem-solution fit」，即課題與解決方案適配。

課題與解決方案適配程度愈大，能解決的問題愈多，創造的價值也愈大。

反過來說，若問題和解決方案不適配，便幾乎無法創造價值。假設有人運用最新技術打造出一架音速噴射機（解決方案），卻只能短距離飛行，只滿足消費者一小部分的移動需求（課題），那麼這架音速噴射機創造的價值便微乎其微。反倒是技術比較低的一般公車，因爲能滿足消費者輕鬆移動的需求，創造的價值更大。

創業初期，需要花時間探索課題與解決方案適配程度較大的場合和狀況；也可以說

① 課題與解決方案不適配的狀態

② 課題與解決方案適配
即可解決課題

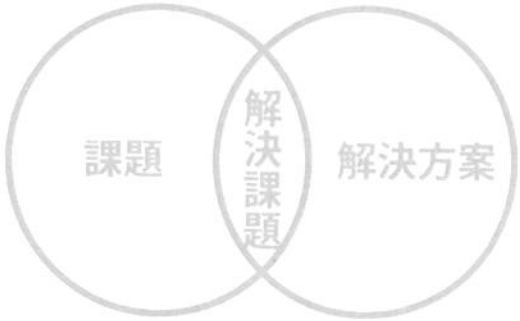

③ 解決課題便能創造價值

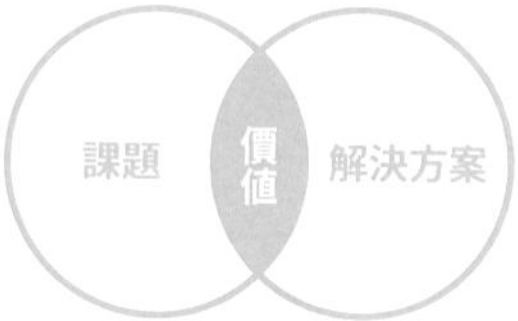

④ 獲得與價值相當的報酬

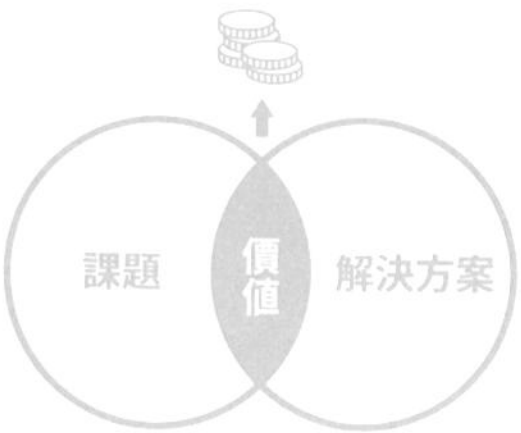

是尋找現存課題與解決方案不適配的部分。我們會用「現實與理想的差距」來形容課題與解決方案錯開的部分，或市場中供需失衡的部分，**許多顧客都對現實與理想的差距深感無力，只要找出並彌平這份差距，便有機會創造新事業。**

即便是現存的事業，只要**持續釐清問題的細節，改善解決方案的技術，逐漸擴大課題與解決方案適配的範圍，也能創造更大的價值**。

爲了提升適配程度，也爲了找出不適配的部分，我們必須提高課題與解決方案兩方面的解析度。換句話說，無論新舊事業，想創造商業價值，都必須提高自己對於「課題」和「解決方案」的解析度。雖然提高對產業和事業計畫的

課題與解決方案適配的範圍愈大，
能解決的問題愈多，創造的價值也愈大

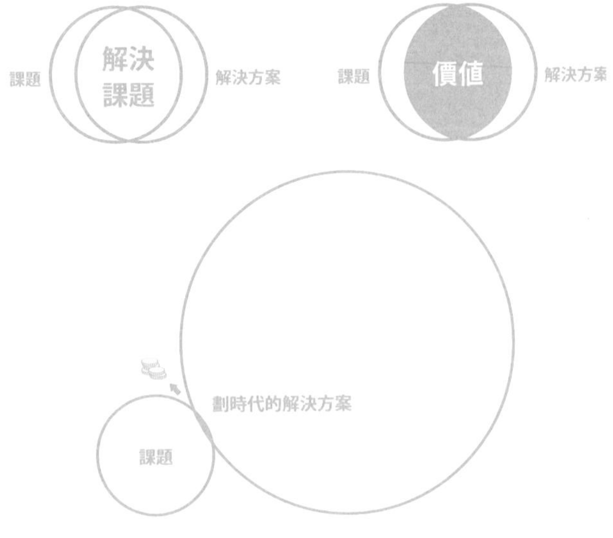

解析度也很重要，然而，**顧客面臨的「課題」與回應課題的「解決方案」，仍是應該優先提高解析度的部分**。本書會針對這兩個最重要的部分，說明提高解析度的方法。

本書方法學的全貌

第一章介紹過解析度的「深度」「廣度」「結構」「時間」四個觀點，至於第四到六章則如下頁圖所示，我們會從這四個面向個別說明提高課題與解決方案解析度的方法學（範本）。

然而，解析度提高後獲得的見解也只是假說，因此第七章會探討如何驗證假說，最後第八章則會講述如何提高對未來的解析度。

本書會提供四十八個範本，讀者可以根據第二章的測驗結果，率先閱讀四個觀點中相對不足的部分。有鑑於多數人往往對於「課題」的「深度」掌握不足，因此也不妨按照順序閱讀。

結構

範本24 分解
範本25 比較
範本26 連結
範本27 省略
範本28 發問
範本29 了解更多結構的模式

範本30 決定解決範圍
範本31 套用結構模型
範本32 創造嶄新組合
範本33 思考要素之間合適與否
範本34 割捨才能造就獨特性
範本35 注意限制條件
範本36 思考不同系統間的連結
範本37 應對系統發生的意外狀況
範本38 寫故事
範本39 先畫下潦草的結構

時間

範本40 觀察變化
範本41 觀察個別程序與步驟
範本42 觀察整體流程
範本43 回顧歷史

範本44 尋找最佳步驟
範本45 模擬狀況
範本46 創造良性循環
範本47 眼光放遠，讓時間站在你這邊
範本48 提高敏捷度與學習力

- 製作MVP，避免擴大規模
- 根據顧客的付出衡量課題規模
- 推動系統，測試運作狀況
- 持續改善再改善
- 行動創造機會

提升解析度所需的資訊×思考×行動

	深度	廣度
課題（第4、5章）	範本 1 將想法言語化，掌握現況 範本 2 調查 範本 3 訪談 範本 4 實地勘察 範本 5 深入個案 範本 6 追問「Why so」，從事實導出洞見 範本 7 養成言語化的習慣 範本 8 增加詞彙、概念、知識 範本 9 加入社群，加速鑽研過程	範本15 質疑前提 範本16 換位思考 範本17 親身體驗 範本18 與人交談 範本19 重新決定要鑽研的部分
解決方案（第6章）	範本10 撰寫假想新聞稿 範本11 持續問How，拆解可行細節 範本12 精進專業，發掘新方法 範本13 用手思考 範本14 用身體思考	範本20 增加可用工具 範本21 向外蒐集資源 範本22 分配資源在探索上 範本23 思考解決方案的真諦

堅持不懈
持續行動

驗證資訊 × 思考 × 行動
循環的方法
（第7章）

Column 你需要多高的解析度？

本書以提高解析度高為前提進行探討，但其實解析度不見得愈高愈好。

你需要多高的解析度，取決於目的，也就是**你最後打算回答什麼樣的問題。過度提高解析度，也只是浪費時間**。

比方說，策略顧問公司有義務回答的是策略方面的問題，雖然「深度」也很重要，但其實只要就「廣度」的觀點探討諸多可能，了解各種手段的優缺點就夠了；至於其他部分的要求就沒那麼高了。

如果是基層業務的負責人，則需要對自身工作領域有一定深度的了解。比方說，客服人員必須深入了解眼前的客戶，才能從諸多方案挑出符合對方需求的解方；有時候也要體察客戶其實不是想解決問題，只是希望有人聽他說說話。解析度高的人，平時就累積許多能幫助顧客解決問題的知識，對每一位客戶的課題也有深入的了解，並能提出最適合對方的解決方案。

有句話說「見樹不見林」，呼籲世人看事情要看整體，但有些人需要觀察整片森林，而有些人只需要看著一棵樹就夠了。如果你是樹醫生，幫樹看病時除了觀察樹的外觀，可能還需要觀察葉片或樹的內部；至於專門研究環境破壞的人，要關注的就不是單一棵樹，而是整片森林。有些職業甚至需要更加不同的觀點，比方說看的既不是樹也不是林，而是泥土。所以，如果誤判自己需要的「深度」或「廣度」，花費太多時間提升解析度，也只是白忙一場。

「時間」方面，也需要選擇適當的單位才有意義。如果要觀察蜂鳥振翅的模樣，就需要以微秒為單位。但如果要觀察蜂鳥的習性，以微秒為單位會獲得過多資訊，也無法獲得有意義的結論。

目的不同，需要的解析度也不同。有個概念叫作「滿意解」，指稱滿足目標最低限度條件的狀態，只要將這項概念銘記在心，就能避免自己蒐集過多資訊或浪費過多心力。請各位時時詢問自己：為達目的，需要多高的解析度？並將解析度提高到「夠用」的程度即可。

4

提高課題的解析度

——「深度」

想要創造商業價值，必須提高「課題」和「解決方案」兩方面的解析度。

很多人一想出解決方案，就會立刻製作產品或提供服務，顯然比起課題，我們更容易愛上解決方案。但**課題都還沒確定，就開始琢磨解決方案，要是之後發現課題根本不存在，該怎麼辦**？若課題與解決方案不適配，就無法創造價值，研擬解決方案時投注的心力也將白費。

任何人都有可能衝動挑戰妄想的、不存在的課題。舉例來說，之前有一家名為Quibi的新創公司，提供智慧型手機短影片串流服務，由迪士尼電影部門的負責人於二〇一八年創辦，並由eBay的前CEO擔任總經理。光看這些人的資歷，感覺要充分掌握客戶需求與課題應該不是難事。實際上，他們尚未推出服務就已經募集到相當於一千八百億日圓的資金，投資人也寄予厚望。他們投入巨額的開發資金，於電視和網路大肆行銷，二〇二〇年四月正式推出服務……結果卻令人大失所望，該年十月便終止了服務。

製造沒人要的產品或推出沒必要的功能，只是浪費錢又浪費時間。所以，**一切得先從提高課題解析度開始著手**。

價值的上限取決於課題的規模

雖然我很想直接談論提高課題解析度的方法學，但在此之前，我想先釐清何謂好的課題。感覺有點拐彎抹角，但選擇課題至關重要，所以請容我解釋一下。

課題指顧客或市場面臨的問題，相當於英文的 problem。課題往往會以不滿、不便、不利等負面形式呈現，當中特別重大的問題又稱作「議題」或「論點」。商業上經常強調設定議題的重要性；而研究上，找到好的「研究問題」也是過程中最重要的一環。

之所以如此重視課題，是因為**課題的好壞，幾乎決定了潛在價值的多寡**。

假設你想創辦一項事業，滿足「想找人一起吃午餐」的需求（課題），解決方案可能包括交友軟體、視訊陪吃陪聊的服務，或出租陪吃的服務，甚至可以考慮你親自陪吃。但考量到一般午餐花費約為一千日圓，不論哪種服務，每次能收取的費用也頂多三百日圓。

如果是工程師，可能會開發功能精細的ＡＩ軟體。如果是喜歡機器人的技術人員，可能會考慮製作陪吃午餐的機器人。但即使有能力開發出技術水準這麼高的ＡＩ軟體或機器人，客戶又願意花多少錢買單？一開始可能會覺得新奇，願意花個一千日圓嘗試，但恐怕沒多少人願意每次吃午餐都要付一筆額外的費用。

上一章提到「價值和報酬取決於課題得到解決的程度」，所以如果你選擇的課題是「想找人一起吃午餐」，無論你提供的解決方案在技術上有多先進，能創造的價值也大不到哪裡去。**即使你提出的解決方案超乎課題的需求，也無法創造超過課題規模的價值**。簡單來說，絕大多數人都不會爲了解決方案帶來的多餘效果付錢。

年輕人和學生可能較難理解選擇課題的重要性，這也無可厚非，畢竟學校考試的滿分都是一百分，只需設法提高答對率就好。換句話說，課題不是自己選的，大多時候都是別人給的，針對課題提出的解決方案，也幾乎由他人評斷好壞。

即使出了社會，進了公司，起初好一段時間的主要工作也是在別人規定的範圍內解決課題，處理

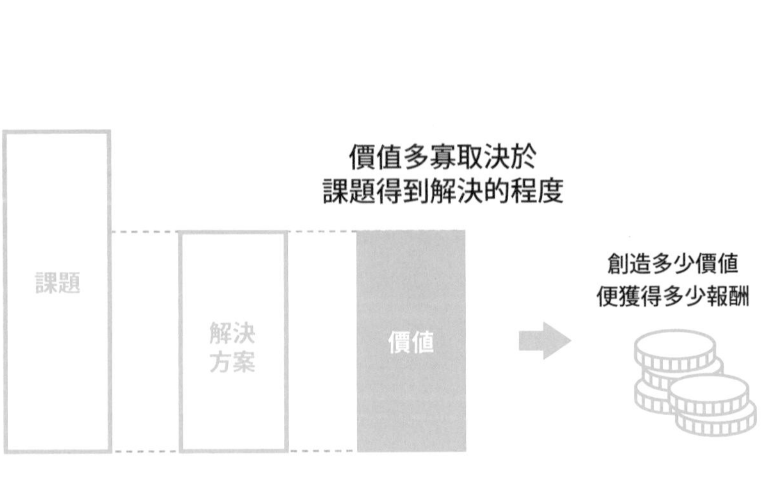
價值多寡取決於
課題得到解決的程度
課題
解決方案
價值
創造多少價值
便獲得多少報酬

上司指派的課題，改進解決方案的內容，增加課題解決的程度，這些都會影響他們的績效考核。待了幾年後，公司對他們提出的解決方案會有更高的要求，同時預算增加，可以選擇的解決方案範圍也隨之擴大，但原則上依然只需要對解決方案的品質負責。換句話說，年輕人沒什麼自行選擇課題的機會。

然而，一旦當上主管，「設定課題」也會成爲職責之一。雖然在某些歷史悠久的大企業，設定課題時多少會受限於公司內部資源，但依然多了很多選擇課題的自由。設定好課題與大致的解決方向後，細節便交由下屬處理。

換句話說，進入管理階層後，就可以自行選擇要接受什麼測驗。經營者無須滿足於滿分一百分的測驗，還可以選擇滿分一億分或一兆分的測驗，當然也可以選擇在滿分一百分的測

即使解決方案超乎課題，
也無法創造超過課題規模的價值

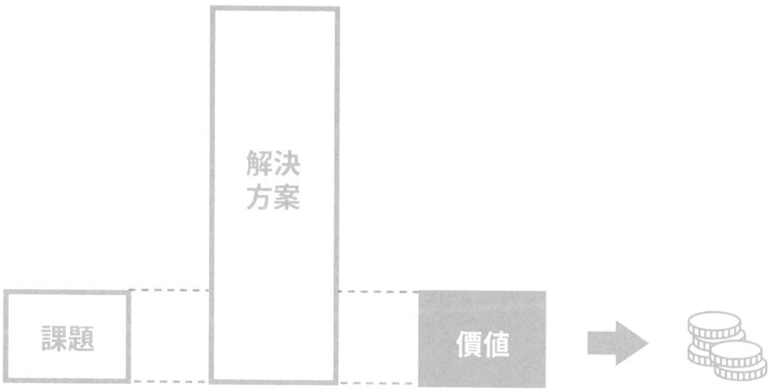

驗中追求一〇〇%的答對率，或選擇在一兆分的測驗中給出〇．〇一%的正確答案，追求一億分的表現。

一旦當上需要領導許多下屬的經理，或負責一項有很大決定空間的工作，就必須不斷思考自己處理的工作是在「提高課題品質」還是「提高解決方案品質」，並且掌握兩者之間的平衡與現在應偏重的方向，也必須看清當下是該提高問題的解析度，還是解決方案的解析度。

如果是自己創業，選擇課題上更加無拘無束，因爲你的公司沒有任何歷史，也沒有市場的限制；眞要說新創公司有什麼限制，就是必須憑藉少許資源建立快速成長的事業。因此，新創公司必須發掘過去大家忽視的重大課題，或潛力巨大的課題，建立能夠飛快成長的事業。而且創業者既沒有資金，也無法像大企業的經營者那樣將解決方案交由下屬處理，只能妥善運用有限資源，親自解決課題。也就是說，創業者的困難在於找出能利用少許資源解決的重大課題，並且親力親爲，這和大企業經營者面對的困難屬於不同類型。

雖然不同職業可以選擇的課題範圍不同，但大多數職業應該或多或少都有選擇課題的空間。當你打算投入一件事時，請記得，**你選擇的課題，將大大影響最後創造的價值**。

好課題的三個條件

那麼，什麼樣的課題才是好課題？我認為必須滿足以下三個條件：

①規模夠大
②可以用合理的成本解決
③能拆成可建立成績的小課題

以下我們逐一講解。

①規模夠大

好課題的第一個條件：**規模夠大，意即解決後產生的價值夠大**。

重複一遍，價值的上限取決於課題的規模，只要選擇的課題規模夠大，你提出的解決方案能改善多少程度，產生的價值就有多大。反過來說，如果課題規模太小，就算解決方案一再改進，解決的程度再多，也無法產生超過課題規模的價值。

以剛才的例子來說，就好比選擇挑戰滿分一百分的測驗還是滿分一兆分的測驗。學校考試幾乎都將滿分設定在一百分，但是出社會後，我們可以自行選擇挑戰滿分一億分或一兆分的課題。

舉例來說，特斯拉針對環境保護這項重大課題，提出了電動車這個對環境造成負擔較小的解決方案，這就相當於選擇挑戰滿分一兆分的課題。當然特斯拉無法憑一己之力解決這麼大的課題，但人們期望特斯拉能解決課題的一部分，所以創業還不過二十年，便成長爲市值最高的汽車公司，甚至躍升全球十大企業之一。

然而，挑戰重大課題是件恐怖的事，畢竟失敗風險高，我們會擔心自己無法解決問題。也因爲這樣，如果不提醒自己要選擇重大課題，我們很容易選擇勝算比較大的小課題。

但其實挑戰重大課題的勝算往往比我們想像的還要高。因爲大家避而不談，代表競爭較少，所以我們不需

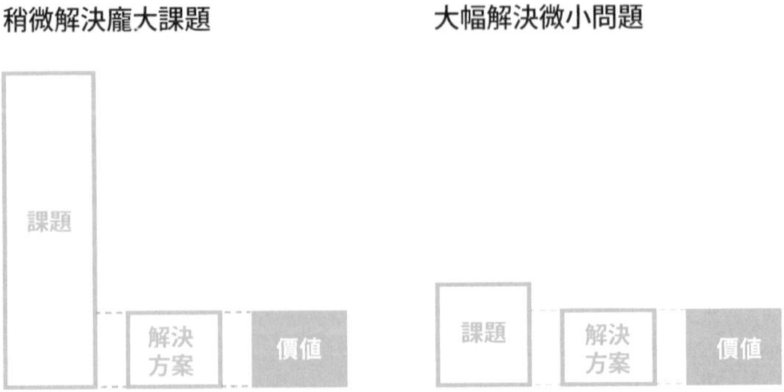

要花太多心思在思考如何擊敗競爭對手。而且挑戰意義重大的課題，也會吸引更多優秀的人加入，所以建議各位大膽選擇規模大一點的課題。

新創公司起初可能較難挑戰重大課題，在這種情況下，處理**目前還很小，但潛力巨大的課題也是一種策略**。未來隨著課題規模擴大，你的產品價值也會增加。比方說，隨著網路科技發展，資訊爆炸，對許多人來說，資訊精確度成了重大課題，而Google就是在這樣的背景下迅速成長。

我建議將課題規模想成強度和頻率的相乘。

課題的強度，指問題發生時造成的痛苦程度，包含無法解決時會損失多少金錢，成功解決時又能獲得多少金錢之類的因素。英語用「Burning needs」（燃眉之急）來形容高強度的課題，假設你現在眉毛著火了，就算只有腳邊的泥巴水，你也會拿來滅火吧。

對新創公司來說，找到這種燃眉之急是事業成敗的關鍵。只要市場存在迫切的需求，即使是無名公司生產的劣質品，也會有顧客買單。換句話說，如果沒有這種需求，顧客自然會選擇其他知名企業的產品。就好比各位在電商平台上購物時，看到評論不多、名不見經傳的品牌，可能會猶豫一下；但如果有迫切需求的話，相信你也管不了那麼多了。

至於**課題的頻率，指問題發生的頻繁程度**。例如，「希望與人交流」這項課題每天都會碰上好幾次，「丟垃圾」這項課題則是每週或幾天會碰上一次，「年末調整」這種課題則是一年只會碰到一次。

頻率越高，課題規模可能愈大。據說Google有一項評估產品魅力是否足夠的方法，稱作「牙刷測試」，測試人們使用自家服務的頻率是否如同牙刷，一天會用上兩、三次。

若根據強度與頻率判斷課題的規模，假設經費核銷對忙碌的人來說有一定的強度，而且每個月要處理一次，根據強度×頻率的方程式，就算是規模頗大的課題，所以提出作業自動化系統（解決方案）或許是不錯的商機。至於年末調整，儘管強度可能比經費核銷大，但每年只需要做一次，頻率較低，難以成爲大規模的課題，所以商機也不會太大。

基本上，人們生活中的重大課題，即強度和頻率都高的課題，大多都已經解決了。例如，打水在以前是項耗費人們大量生活時間的粗重工作，但在現代社會，這個問題已經透過上下水道基礎建設解決。由於社會進步，現在要找到重大課題也不容易了。

然而，課題的強度和頻率也會隨著時代和環境改變，**一定會出現**

課題的**規模** ＝ 課題的**強度**（例）燃眉之急 × 課題的**頻率**（例）牙刷測試

現代社會環境造就的高強度、高頻率課題。能否察覺社會的變遷，將成爲能否發現重大課題的分水嶺。舉例來說，現在社交媒體發達，人們頻繁於網路上分享照片，因此修圖的機會更多，使得修圖逐漸成爲重大課題，修圖軟體的需求增長。

只要像這樣留意時代的變化，關注那些強度比以前更大、頻率比以前更高的課題，或許就能找到目前還很微小，但發展潛力巨大的課題。

②可以用合理的成本解決

即使課題規模夠大，如果只能解決其中一小部分，也無法創造巨大價值。所以好課題的第二個條件，就是找出**現在有辦法解決的課題**。

赫赫有名的科學家牛頓，其實生前花在煉金術上的研究時間比科學還多，假如他眞的實現將卑金屬變黃金的「賢者之石」與長生不老藥，那價值確實很大，但謎團終究沒有解開，他留給後世的遺產，只有能實際解決問題的科學成就。也就是說，就連牛頓這麼優秀的人，如果選擇無法解決的課題，也幾乎拿不出成果。以軟體工程師爲例，如果設定一堆技術上辦不到的條件，就算再努力也不可能實現。

我們需要掌握解決方案的知識，才能判斷課題能否解決。如果你比其他人早一步掌握最新技術或專業知識，就有可能察覺過去無法解決、但現在有辦法解決的課題。即使不是最新技術，只要比其他人更了解目前的技術，就能在該領域中占有優勢。二〇一〇年代ＩＴ新創公司之所以如雨後春筍般冒出，就是因爲有愈來愈多人了解資訊科技，也迅速意識到許多產業都可以利用低成本的資訊科技來解決業務問題。

另外，有些課題雖然看似無解，但只要組合多種解決方案就能迎刃而解；不過，這只有熟知跨領域解決方案的人才想得到。

此外，成本效益比也是一個值得留意的觀點。如果不考慮金錢成本，可以選擇的課題範圍當然很廣，但絕大多數的情況下，金錢成本有限，所以**能否以合理成本解決**也是重要的考量點。換句話說，就算課題有辦法解決，但如果解決的成本太高，有時反而划不來。

若我們好好鑽研課題，也有機會以較低成本的解決方案創造價值。以售票網站爲例，熱門票券開賣時間一到，網站流量就會暴增。假設這裡的課題是「建立一套系統，確保數百萬人同時湧入的情況下，也能依序售票」，這在技術上極其困難。那如果將課題改成「數百萬人都能買到票」呢？這樣一來，就可以將「人數超過網站上限時需排隊等候」「以抽籤方式取代排隊制」等解決方案納入考量，不需要同時處理數百萬的人流，無論技術面還是成本面都輕鬆許多。只要不是採用先搶先贏的形式，課題與解決方案都有簡化的餘地，也能創造充分的價值。系統工程師的薪資之所以高於程式設計師，原因之一就在於他們負責設定「該做什麼」，而他們設定的課題條件，決定了系統建構的難度與能創造的價值。

要滿足「可以用合理的成本解決」與「規模夠大」兩項條件非常困難，因此，我們需要考慮第三個條件。

③能拆成可建立成績的小課題

一開始就直搗「重大課題」，耗時費力，難度也高。舉例來說，要改善社會問題，往往需要改變整個制度或政策，這些都不是說改就能改的。又例如組織內部的溝通問題，若二話不說全面更換資訊共享系統、改變組織架構和開會方式，恐會引發員工反彈，最後以失敗告終。

所以發現重大課題後，應該先**拆解成有辦法解決的小課題，並專注於解決其中影響最大的課題**。好課題的第三個條件，就是要能拆解成可解決的小課題。

千里之行，始於足下。新創公司募資時，幾乎不可能光憑點子就取信於投資人。但只要有一些成績和用戶，投資人就會刮目相看。同樣的，試圖改變社會制度時，若能先促成相關的小變化，累積成果或實例，便比較容易說服議員，政策也更容易通過。所以請各位謹記，處理課題時，規模要由小而大。

放眼大課題並著手小課題，需要留意大小課題之間的關聯。舉例來說，如果要解決森林環境問題（重大課題），卻將課題設定爲「對森林環境問題的資訊不足」，就有可能找不到眞正要處理的課題。所以必須提高解析度，釐清造成森林環境問題的重要因素。

另一種情況是只看見手邊的小課題，看不出大課題。在這種情況下，先解決小課題也不失爲一種方法，過程中或許就會漸漸看出大課題。但這種時候也請記得**選擇顧客感到十分痛苦或緊急的小課題**，因爲這種對某些人來說強度很高的課題，更容易形成大課題。

我們必須提高對課題的解析度，才能找出潛藏巨大價值且能在合理成本範圍內解決的課題，並從中挑選可能取得小成就的小課題來處理。

接下來我會從「深度」「廣度」「結構」「時間」四個觀點，依序講解提高課題解析度的方法學。

正如第一章所述，就我見過的案例來說，**大部分的問題都出在缺乏深度**。絕大多數人都是因爲缺乏深度，所以提出的假設和主張缺乏說服力。二〇一〇年代「設計思考」的概念之所以大受歡迎，也是因爲人們意識到自己對個別顧客的具體認識不足（即深度不足）。本書先從「深度」的觀點講解如何提高課題解析度，這也是我希望各位花最多時間了解的部分，因此獨立成一章仔細講述。

關注病因，而非症狀

從「深度」觀點看待課題，猶如查明病因，而非光憑症狀判斷。

假設現在有個人發高燒到三十九度，這是一項課題，針對這項課題，我們首先想到的解決方案可能是吃退燒藥。但發燒背後一定存在某種原因，也就是「病因」。病因可能是感冒、流感、中暑，也可能是盲腸炎，爲了根治病症，病因才是最應該關注的部分。

又好比肥胖（症狀）的原因（病因）可能是缺乏運動，也可能是飲食過量，狀況因人而異。如果是飲食過量，是哪一餐吃太多，還是零食吃太多？如果是晚餐過量，那是平常晚餐分量太多，還是聚餐太多？如果是平常晚餐吃太多，那是因爲工作壓力造成，還是餐盤太大……像這樣不斷追本溯源，就能找出病因，也就是眞正的課題。唯有處理病因，才能從根本解決問題。若只處理表面課題，治療效果也有限。明明在個人層面，我們都能理解症狀和病因的差異，也明白必須掌握病因才能採取有效對策，然而大家卻常常混淆商業上的症狀和病因。

不知道讀者有沒有聽過一種狀況：公司管理階層認爲「員工的工作動力下降」（課題），於是決定「全公司一起去旅行」（解決方案），但大多數下屬聽了興趣缺缺，質疑有何必要。下屬之所以反應冷淡，是因爲管理階層太快從表面症狀跳到解決方案，沒想過「動力下降」的病因可能是薪資太低，或是管理階層失職。常有人沒去思考眞正的病因，即「深度」方面的解析度不足，就急著採取膚淺的解決方案，讓第三者感到不解，當事人卻沒有意識到這一點，滿腦子都在想如何辦好活動，結果浪費大把時間在思索解決方案的細節。

拓展新事業或嘗試新事物時，也經常發生同樣的狀況，誤將症狀視爲「公司要解決的課題」，沒去思考背後的病因是什麼。雖然症狀還是要解決，但如果直接將症狀設定成課題，最後往往什麼也解決不了。

這種混淆症狀與病因的狀況，在商業上，最常見的就是**混淆市場課題和顧客課題**。若將市場課題視爲症狀，將顧客課題視爲病因，就能看出課題深度是否足夠。

假設你打算推出一項人才媒合服務，將課題設定爲「人才供需契合度低」，解決方案爲「提供人才媒合業務，改善配對契合度」，那恐怕會撞上一堵高牆。應該將市場上人才供需契合度低的情況視爲症狀，探討造成該症狀的顧客課題（病因），才能提供良好的服務。好比說，病因可能是「工時無法配合」，也可能是「薪資沒有共識」，必須找出眞正的病因，才能提供適切的服務。

例如「日本尚未普及線上診療（課題）→製作線上診療軟體（解決方案）」「錯失商機而損失○○日圓（課題）→改善業界的業務效率（解決方案）」，都是太快從市場課題（症狀）跳到解決方案的不良範例。

是否了解市場整體結構與市場上的不滿與不便，也是衡量商機大小的關鍵。然而**市場課題通常是企業與個人課題日積月累的結果，或市場制度衍生出的**

以生病為例
- 流感
- 盲腸炎

以商業為例
- 工時無法配合
- 薪資沒有共識

以生病為例
- 發燒

以商業為例
- 人才供需契合度低

「症狀」。至於**「病因」則屬於微觀的顧客課題，關注的是「眼前這名顧客的困擾為何」**。付錢的是顧客，如果不了解顧客面臨的問題，就無法做出適當的產品（針對病因的處方）；無法做出適當的產品，就不可能解決市場課題（症狀）。

而且根據市場分析和數據得出的「市場課題」是眾所皆知的事實，**如果要與其他企業做出差異化，應該洞察鮮為人知的顧客課題，而非誰都拿得到的數據**。儘管如此，仍然有一些人認爲數據這類定量資料比較有說服力，因此只談論市場課題的數據，並宣稱只要解決這些課題就能成就一番事業。以宏觀角度綜觀市場課題確實很重要，但同樣重要，甚至更重要的，是能否找出眼前顧客的課題；而且不是表面課題，是更加微觀、深層的根本課題。換句話說，你必須**成為顧客達人，比顧客更深刻了解顧客面臨的問題**。這也是從深度觀點檢視課題解析度時的重點。

解析度低時，人很容易急著就自己認定的課題思考解決方案。反過來想，只要注意自己目前認定的課題到底是「症狀」還是「病因」，就能大幅提高課題解析度。當你懷疑某項課題可能只是症狀，務必深入探究其最根本的病因。

留意深度層級

「深度層級」是幫助我們有效深入探究病因的概念。我們定義表面症狀的等級為零，每往下挖掘一層，就多一個層級。以發高燒為例，假設病因是感冒，這就是層級一的原因；而感冒或許是被別人傳染，或者當時身體比較虛弱，可能原因很多，這些就屬於層級二的原因。繼續往下挖掘身體虛弱的原因，便能進一步掌握運動不足或營養不良等多種原因……像這樣層層分析，自然能將課題原因整理成樹狀圖。

假設現在有項課題是公司員工缺乏創意，原因包含「技術開發不足」「員工之間溝通不足」等，這些課題屬於深度層級一。從這些課題中選定「溝通不足」深入探討，查閱許多書籍和論文，進一步挖掘出「交談次數少」「透過電子郵件和通訊軟體的文字交流少」等原因，就能鎖定更詳細的課題（層級二）。接著再從中選定「交談次數少」作為課題，進行問卷調查並分析數據，發現原因可能是「同事之間見面的次數少」「同事之間交談的時間短」（層級三），於是你直接訪談員工，發現交談時間短的原因包含「共同話題少」「工作太忙，沒時間閒聊」等更細微的課題（層級四）……只要像這樣不斷追究更深層的原因，就能逐漸提高解析度。

根據我的經驗，至少要**深入至層級七到十**，才能獲得洞見，找到有效解決方案。然而，我看過很多人只挖到層級二或三就急著探討解決方案，可能是因爲不擅長深入挖掘課題，或無法忍受課題模糊不清的狀況，所以傾向盡快尋求解決方案，這樣的解決方案最後也解決不了問題。

因此，在提高解析度的過程中，務必留意目前的「深度層級」，檢視自己是否已經達到足夠的深度。

或許有些讀者已經從前述例子發現，我們會進行問卷調查、訪談等來挖掘原因。不同的深度層級，需要不同程度的資訊、行動、思考，本章會介紹九種增進深度層級的技巧（範本）。不過在此之前，我想先談談「內化」與「外化」的概念。

深度層級示意圖

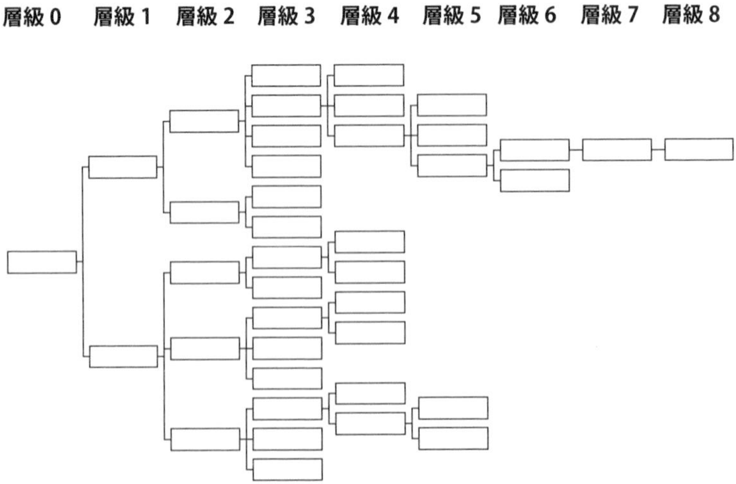

反覆內化與外化，增加深度

從「深度」觀點提高解析度的過程類似學習。而談論學習過程時，經常會用到「內化」「外化」[1]的概念。

- **內化（internalization）**：透過讀、聽等方式獲得知識，或透過活動（外化）後的反省和總結而有所體悟與理解。
- **外化（externalization）**：透過寫、說、發表等活動表達自己對知識的理解或思考的事情（認知過程）。

反覆內化與外化，就能持續學習。讀者可能會想，這跟輸入（input）與輸出（output）的概念差在哪裡？內化有將知識澈底吸收，化爲自身血肉的意涵；外化則有透過多方嘗試來塑造、加工資訊再產出的意涵。這不只是輸入、輸出這麼機械式的概念，更加強調了人類認知活動中吸收、產出過程的複雜性。爲了讓讀者感受到這點，本書才刻意選用這兩個詞彙。

要深入探索一件事，往往只讓人聯想到「內化」的部分，即深入了解事物並蒐集資

訊，但其實「外化」也得並進，也就是透過寫、說、發表等活動多方嘗試，表達內心想法。若以資訊、思考、行動的概念來說，就是**資訊很重要，但思考並付諸行動也很重要**。

我想大多數人都能想像櫻花飄落、隨風飛舞的景象，但如果要你將這片美景畫下來，做成五秒左右的動畫，你可能就會猶豫了。真正動筆，我們才會發現自己忽略了很多細節，比如花瓣的形狀、飛舞的方式、速度等等。

如果你覺得自己是因爲不會畫畫所以才畫不出來，不妨花個五分鐘，嘗試憑記憶畫出住家附近的地圖。你是否發現，就連自己每天經過的地方都有可能畫不準確？當你嘗試畫過地圖之後，再到住家附近走一走，也就是採取行動，你將會注意到之前不曾留意的道路和街景，進而內化更多東西，這就是外化的效果。

一旦實際「畫圖」（外化），就能改變「觀察」（內化）的品質。內化和外化是相輔相成的關係，不能偏廢。

本章介紹的方法學如下頁圖表所示，性質上分成「內

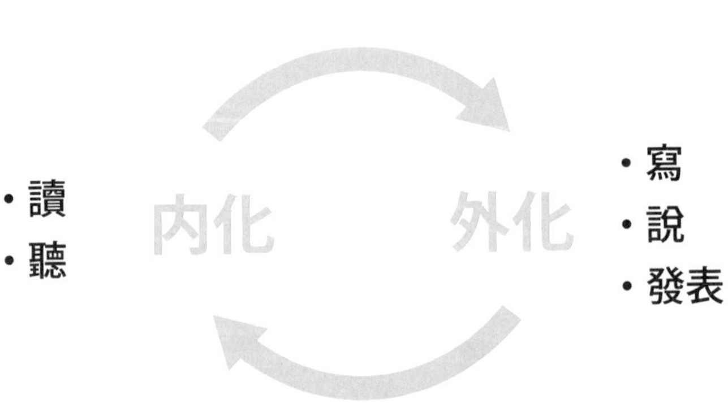

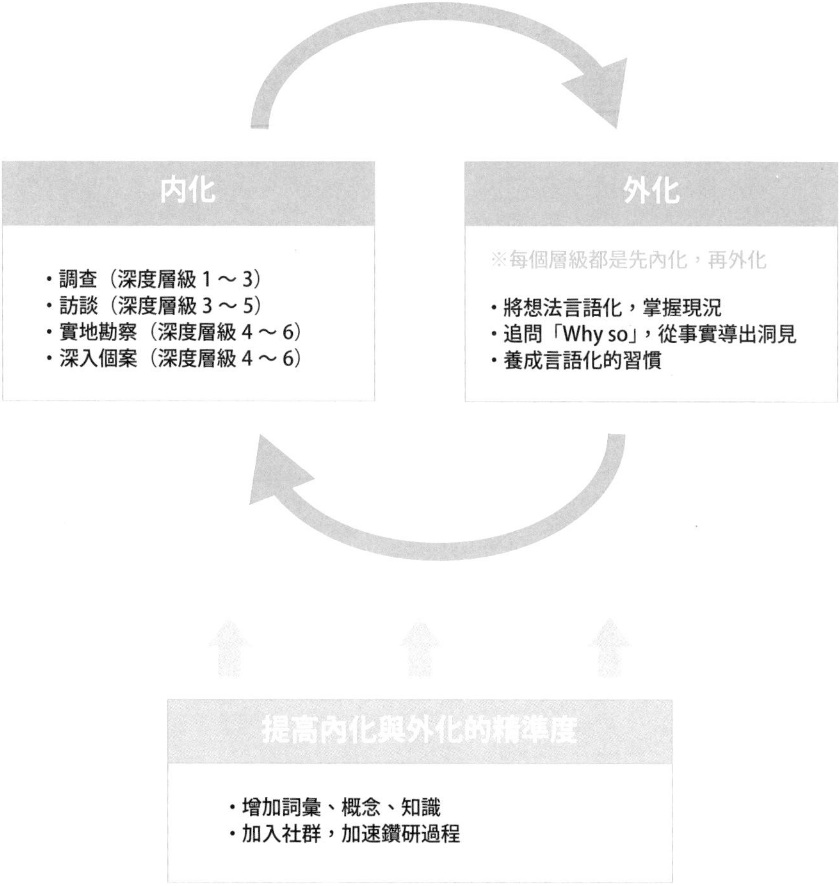
內化
・調查（深度層級 1 ～ 3）
・訪談（深度層級 3 ～ 5）
・實地勘察（深度層級 4 ～ 6）
・深入個案（深度層級 4 ～ 6）
外化
※每個層級都是先內化，再外化
・將想法言語化，掌握現況
・追問「Why so」，從事實導出洞見
・養成言語化的習慣
提高內化與外化的精準度
・增加詞彙、概念、知識
・加入社群，加速鑽研過程

化」「外化」，以及「提高內化與外化的精準度」。平時進行內化與外化，並持續提高兩者的精準度，就能達到充分的深度層級，也就能提高解析度。

將想法言語化，掌握現況（外化）

從「深度」觀點提高課題解析度的第一步可能有些出乎意料，是**將自己正在思考的課題化為言語（外化）**。

這麼做可以確認自己目前的深度層級，避免盲目內化。就好比抹布要擰乾才能開始吸水，爲了提高內化的效率，請像擰抹布一樣，將腦中的一切擠出來，擠到再也擠不出任何知識和想法。言語化還有助於我們察覺事物更深層的部分，自然而然增加深度層級。除了一開始時透過言語化掌握現況，我也建議各位在實踐後續介紹的內化手法時這麼做。

許多書籍都指出，如果無法用言語具體表達，代表思考還不夠充分。假使你感覺自己其實有更深刻的想法卻無法適切表達，或感覺自己只表達出不到一半的想法，往往只是因爲你還沒想清楚罷了。

本書會介紹兩種言語化的方法：「書寫」和「口述」。

書寫

首先，請各位**寫下「現在你認為最重要的課題，又為什麼這麼認為」。就算只是假設也沒關係。**

這裡寫的並非思考的「結果」，而是思考的「過程」。**書寫能幫助我們思考。**

書寫永遠是推動研究的第一步。《研究的藝術》[2]第一章即「以書面形式來思考」，書中將書寫視爲一種思考工具，而非只是表述思考結果的行爲，它的目的與效果包含「記憶」「理解」「驗證想法」。電腦科學家西蒙·培頓·瓊斯也指出，展開研究和實驗之前，應該先撰寫論文[3]。他表示，

透過言語化，確認目前的層級到哪

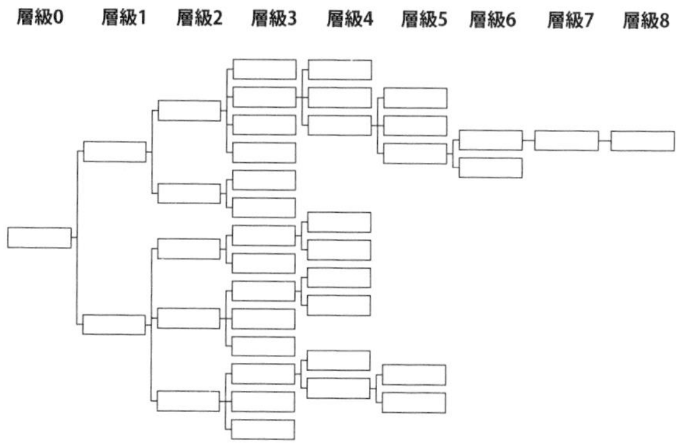

寫作能釐清思緒並提高專注力，使我們想通原本未理解的部分，而且透過書寫分享想法，更容易獲得他人的協助和批評。看似和言語差了十萬八千里的設計領域，也很重視「設計陳述」或「問題陳述」，在實際動手設計之前，先將核心概念寫下來。

想提高課題解析度，要先將課題盡可能寫得具體一些，提醒自己別滿足於抽象的字句。假設你考慮爲自由工作者提供某項服務，將課題設定爲「自由工作者爲簽約問題所困」就太抽象了，請試著寫出具體的6W3H（Why／What／Who／When／Where／How／Whom／How much／How often），例如：「有位自由工作者平均每月簽一次合約，其中八成包含保密協議。合約都是由對方企業擬定，他只有請一位認識的律師幫忙檢查內容，因此擔心合約是否公平。」將你設想的課題轉換成具體言語，寫下背後的原因，就能確認自己對課題的理解有多深。

如果存在多種選項，也統統列出來。根據我的經驗，研究室出身的創業者都會將自身技術的可能應用市場寫出來，然後從大市場開始依序列出潛在課題，並逐一驗證。

一開始只是條列式的也無妨，但**探討課題細節時，還是建議寫成長文**，因爲條列式很容易讓人忽略邏輯跳躍或矛盾之處。補充細節時也不建議採用簡報形式，簡報同樣會讓人傾向使用條列式，每句話都很簡短。條列式和簡報雖然便於分享想法和傳遞重點，但並不適合用來整理思緒。深入思考時，仍建議使用Word這類文書軟體，像寫報告一樣寫成長文，並注意文章脈絡。

即使一開始不知道要寫什麼也別灰心，光是體認到這點，就是一種進展。有時候雖然寫出了一點東西，卻沒辦法接著寫下去，這也代表你對該部分想得還不夠透澈。如果你覺得自己連腦中想法的一半也寫不出來，請將思考量提升至目前的兩倍。

書寫過程必然受挫連連，你可能會氣餒自己無法將乍現的靈感好好寫下來，或**寫著寫著意識到自己思考的錯誤和低解析度**。有些人可能害怕失敗，或不想面對自己的低解析度，所以遲遲不願動筆。然而，沒有人一開始就能寫出完美的文章，請將書寫視爲過程，不必要求一開始就盡善盡美，先寫再說，只有隻字片語也沒關係，總之愈快開始動筆愈好。請抱著「反正現在寫的東西之後也會丟掉」的心態，勇敢下筆。

開始寫，馬上寫，寫就對了。

有些小訣竅可以降低動筆的門檻，例如一開始不要選 Word 這樣整張白紙的形式，而是使用 Excel 的儲存格逐行列出假設，或者使用大綱編輯軟體先做筆記（筆記的部分詳見後續解說）；心智圖之類的工具也是不錯的選擇。

言語化是件苦差事，然而據我所知，高解析度人士都能確實做到這一點，他們會將想法寫成長文，而不只是簡短的句子。以新創公司來說，能夠用完整文章向投資人報告進展的團隊，往往也更容易取得成功。你爲言語化付出的努力絕對不會背叛你，請務必一試。

書寫時，請遵循以下原則：

- **主詞明確**：避免句子不完整或條列式，否則容易導致脈絡模糊。想提高解析度，建議將想法寫成完整的句子。再來，使用「國人」「男性」這種較廣義的主詞時必須格外小心，這麼做容易導致概念過度普遍化，衍生謬誤；對象不明確也容易導致討論失焦。
- **加入動詞**：寫出明確的動詞。顧客的重要資訊與需求往往藏在動詞而非名詞中，所以選擇動詞時務必格外謹慎。
- **簡潔明瞭**：文章冗贅，代表解析度還不夠高。
- **用詞精準**：誤用名詞，恐引發不必要的爭論。例如「辨識」「認識」「認證」「認可」看似相近，但意義截然不同。
- **將形容詞和副詞數值化、具體化**：避免使用「非常大」「各式各樣」等模糊的形容詞和副詞，盡量使用具體的數字描述。
- **避免時下流行語和抽象詞**：避免使用不夠具體的表現方式，例如「客戶的不滿」「用AI解決問題」；也避免使用「民主化」這種存在多種解釋的抽象詞。儘管有些時候，例如談論理念時，勢必得用到抽象詞，但若要實際解決問題，具體性是關鍵。

- **陳述篤定**：論述要篤定，避免寫成疑問句，使課題更加明確。

口述

口述也是一種將想法化爲言語的方法，效果和書寫不太一樣。

請各位試著口述自己正在思考的課題，看看有沒有說不清楚的地方，如果有，代表你對那部分的解析度還不夠高。也可以先寫下來再口述，比如做一份簡報，想像自己是在向他人報告，這樣口述時才能意識到自己哪些部分理解得不夠充分，或每張投影片之間連貫性不佳、疏漏，以及邏輯錯誤等問題。我自己做過很多簡報，即使沒有口頭發表的機會，我也習慣在公開簡報之前抱著正式發表的心態大聲口述內容，要是太小聲的話，容易不小心跳過一些內容，影響流暢性。據說新創教父保羅．格拉漢在發表文章之前也會出聲朗讀[4]，確保語氣像是在跟朋友交談的感覺，而沒有任何不自然的地方。

實際開口，聽到自己的聲音，也可以刺激思考。不知道各位是否曾在闡述想法時迸出意想不到的詞句，進而產生新的靈感？將言語關在腦袋裡太可惜了，如果不好意思說給別人聽，也可以晚上到公園散步時喃喃自語，或是借公司的會議室來做這件事。

將書寫或口述的內容整理成樹狀圖，就能看出自己目前的深度層級。如果發現可以繼續往下挖的地方，也請繼續言語化，慢慢你就會察覺自己未理解的地方、想繼續往下挖卻挖不動的地方，這時就可以針對那些部分進行內化了。

調查（內化）

假設你將想法言語化之後，發現自己的深度連三層都不到，我建議先進行調查，多多蒐集資訊，了解整體情況。

雖然現代推崇「用自己的腦袋思考」，但在毫無資訊的情況下思考也不會有結果。舉例來說，如果我們完全不了解環境議題，去思考「哪些環境問題特別需要解決」「什麼東西對環境有益」，很難得出好答案。這就好比登山不帶地圖和指南針，僅憑地形判斷路線，很快就會迷失方向。這樣既浪費時間，思考也可能偏離正軌，甚至帶來危險。

在探索階段的初期，請充分利用前人累積下來的知識。

無論是商業、研究、學習或任何方面，大多時候，**解析度低的原因都是資訊不足或資訊未經整理**。優質的資訊需要經過內化，才能妥善地外化，這是理所當然的，但似乎很少人會留意自己是否取得優質的資訊。爲了擺脫「不知道自己不知道什麼」這種典型的低解析度症狀，請各位先進行調查，了解整體情況。

經過調查，取得大量的資訊後，你會逐漸看出個別案例、現象的特徵與差異，例如**「某項資訊為何特殊」「自己觀察到的事實哪裡獨特」**。這些特徵和差異都是深入挖掘課題的提示，也是查明眞正病因的線索。就像電腦學習了大量數據後能夠識別圖片一樣，人類也能主動接觸大量資訊，藉此認識各種事物。

以Astroscale爲例，這是一家研發清除太空垃圾技術的公司，創辦人岡田光信在創業之前並沒

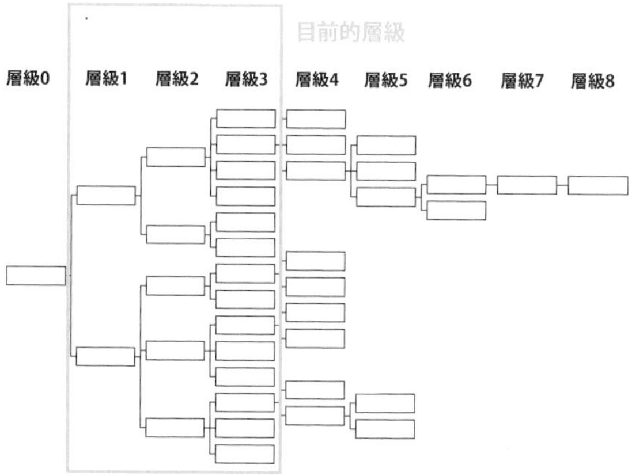

有相關背景，他曾說過自己剛接觸太空事業時，讀了一千篇太空垃圾的論文，並拜訪了主要教授[5]。這個例子告訴我們，必須調查到這種地步，深入挖掘課題，才能找到值得創業的點子。

雖然有些創業者憑藉天賦或敏銳度敲出全壘打，但那都是例外。據我所知，**優秀的創業者都蒐集了大量的資訊，甚至可以說，能想出好點子的創業者，和想不出好點子的創業者，大多時候就差在「資訊量」的多寡**。

令人訝異的是，許多人都輕忽了調查，持續且澈底蒐集資訊的人更是少數。尤其在初期，很多人可能因爲不熟悉調查方法或頻頻碰上艱澀的術語，便打退堂鼓。我偶爾也會碰到一些諮詢者宣稱已經調查過相關領域的新創公司，一問之下卻發現他們的調查並不充分，反而我還更了解狀況。

但反過來說，**只要調查確實，就絕對有機會躋身業界前二〇%的行列，而持續且澈底調查，甚至可能進入前五%**。自己製作一張陌生術語詞彙表，不用急著一次搞懂，帶著疑問慢慢調查，如此付出一定會有所回報。隨著調查工作的累積，你處理資訊的速度也會呈加速提升，一旦跨越初期的障礙，之後就會愈來愈輕鬆。就算只利用週末兩天調查，也能獲得大量資訊。想要獲得好點子，幾乎省不了這些乏味的差事。

有人說「吸收太多資訊會使腦袋僵化」「什麼都不懂反而能帶來不同的想法」或

「用自己的腦袋思考比較好」，我們的確應該小心思想僵化，然而，外行人的創意往往無法切中要點，常常忽略許多資訊，陷入陰謀論、謬誤或反科學、反社會的觀點。用自己的腦袋思考之前，建議還是先花時間調查。以下介紹幾項具體的調查技巧。

至少蒐集一百個案例

調查範圍包含新聞、市場趨勢、研究、案例、人、產品等等，我建議**先調查相關案例**。如果你正在構思創業點子，可以先依據你感興趣的課題調查相關產品、服務，以及提供那些產品、服務的新創公司。

至少要調查一百個案例。**如果你打算開發某種產品，至少要能舉出一百個相關領域的產品案例，包含成功和失敗的案例，最好還親自接觸過那些產品**。唯有做到這個地步，才有資格站在競爭的起跑線上。**當你了解三百、甚至四百個以上的案例，腦中才會形成一張地圖**。有些人可能會覺得這個數量太多，但許多創業者在調查時都是如此扎實且迅速。

調查過程中，你可能會發現自己的點子早就有人做過而感到絕望。事實上，那些馬上就能想到的疑問和課題通常都已經解決了，但我們在調查初期往往還無法分辨細微的差異，所以很容易誤以爲所有事情都已經有人做過了[6]。但調查得愈深入，了解更多細節，就會發現那些在低解析度的情況下無法察覺的未開發領域，進而連結到新點子。所以請不要輕言放棄，持續深入調查。

調查時請注意，不要只注重內化，也要進行外化，也就是分析、解讀調查到的資訊，否則就跟單純瀏覽新聞沒兩樣。自己創造發表調查結果的機會也是一種好方法。這是以「結構」觀點提高解析度的範疇（詳見第五章）。如果才調查了一百個案例就喊累，懶得將資訊結構化，最後也不可能想出好點子。相反的，那些勤於調查與結構化的團隊，幾乎都能漸入佳境。

以下是我有段時間使用的新創公司調查格式，像這樣準備一套固定格式，方便日後回顧和比較。各位在做調查時，也請試著建立自己習慣

(Tag) #tag1 #tag2 #tag3 #tag4
(Web) http://
(CrunchBase) http://crunchbase.com/xxx
（調查日期）○年○月○日
※爲方便日後回顧，按類別加上標籤、網站和調查日期

新創公司名稱：

如何以一句話說明？

圖片

誰在什麼情況下（6W3H）使用產品？

為什麼現在可行？

這項產品能帶來什麼成果？

市場規模多大？10 年後最大可到什麼程度？

這項產品的魔幻時刻為何？

最大風險為何？（過往範例為何失敗？）

的格式，並用那套格式整理一百個案例。

雖然調查是取得資訊的重要途徑，但調查起來也永遠調查不完，所以建議各位**設定時限**，例如十小時或五十小時，以免自己淹沒在資訊的汪洋。

去書店搜刮相關書籍

調查得差不多後，接下來建議去大型書店，**買下所有與該課題相關的書籍**。假如你想創辦餐飲業的SaaS（Software as a Service，軟體即服務）業務，就買下所有與餐飲業相關的書籍；假如你想從事金融科技，就買下所有銀行、支付主題的書籍。有些人可能覺得同主題的書籍，內容多少會重複，沒必要買這麼多本，但這能讓我們從不同作者的角度看待同一件事情，而且某項資訊重複出現，也代表那項資訊無論從誰的角度來看都很重要，如此一來，就能深入挖掘整個業界的結構和趨勢。

專業書籍可能價格較高，所以可以事先決定好預算，然後「能買多少就買多少」，將時間留給閱讀。如此只需花費數萬日圓和數十小時的時間，就能掌握基礎資訊。

閱讀業內報章雜誌過去約兩年份的過期刊物，也是迅速了解業界趨勢變化的方法。閱讀時，請特別留意業界是如何看待各種數據。

某些領域不只需要閱讀書籍，還需要閱讀論文，可以使用Google Scholar、Semantic Scholar等工具查閱該領域的論文。若涉及專利，可以先查詢專利地圖，再使用Google Patents、J-PlatPat、Espacenet、Lens.org等搜尋。此外，爲了加深對課題的理解，我也建議閱讀英文文獻。

如果你選擇的主題尚無相關書籍，也可以先搜尋網路資訊，但要注意，網路資訊良莠不齊；儘管書中的資訊也未必正確，但相對網路仍較可信，所以還是建議先博覽群書。

網路搜尋結果至少要看十頁

網路是很方便的現代調查手段，但令人驚訝的是，有很大一部分來找我諮詢的人，明明要發起「創業」如此重大的挑戰，卻沒上網查過相關的資訊。

當你想到感興趣的課題或創意時，**在搜尋引擎輸入關鍵字後，至少要看過前十頁、約一百項搜尋結果**。也請嘗試使用其他類似但意思稍微不同的關鍵字搜尋，多讀一些相關文章。如果可以，我強烈建議**也用英文關鍵字搜尋**。如果發現其他競爭產品或類似產品，請盡可能站在使用者的立場實際使用看看。

搜尋時可以運用幾個技巧：

- **關鍵字用英文雙引號框起來**：想要精準搜尋時，可以用英文的雙引號框住關鍵字。
- **搜尋專業網站的資料**：新創公司的相關資訊可以上 TechCrunch、Hacker News 等搜尋，這些網站會出現較多新創公司的文章。如果站內搜尋結果不夠精準，可以使用 Google 等搜尋引擎，輸入「site:該網站網址（半形空格）關鍵字」，這樣就能搜尋該網站的內容；例如輸入「site:https://techcrunch.com ClimateTech」，即可僅搜尋 TechCrunch 內與「氣候科技」有關的文章。

除此之外，政府部會報告或白皮書，以及智庫和策略顧問公司發表的資料也很有參考價值。以日文資料來說，「經濟報告」[7]就是非常實用的網站，不過某些報告的企業主觀立場較強，閱讀時請多加留意。

然而，這些都是公開資訊，代表你幾乎無法獲得比他人更深入的資訊，所以請事先設定好調查時間，以建立背景知識爲目的即可。

看影片、聽演講，掌握最新資訊

看影片、聽演講是效率非常高的調查方法。

看影片和聽演講的優點在於容易掌握「重點」，我們可以從講者運用時間的方式和發表資料的流程，觀察其著重的部分。現在只要打開 YouTube 或參加線上活動就能觀看演講影片，也有很多書籍作者以影片總結自己寫作的重點。不過文章可以比較細膩地論述，所以最終還是需要實際閱讀、寫作，但在細讀文章之前，先看過影片能更快速掌握重點。

據我個人感覺，二〇一〇年代後半，工程和商業領域的**最新資訊開始以影音呈現，而非文字**。新冠疫情爆發後，以往需要到場參與國際學術會議和活動才能得到最新資訊，如今也更容易透過影音輕鬆取得。尤其英文影音資訊，隨著 Podcast 的普及而呈現爆炸性增長。調查時不妨也找找看這些影音資訊，只要善用自動翻譯功能，就能取得優質的英文資訊。

以上講解的調查方法，都是爲了替提高解析度打下基礎。請各位別忘了，唯有採取行動，才能提高課題解析度。

分析數據

調查過程中可能會找到一些數據，分析這些數據也能提高解析度。數據類型多元，舉凡第三方機構的報告和統計數據等公開資訊，還有公司自行整理過往業績數據與產品使用情況的資料。其中，公司內部數據會比公開數據更詳細，也包含公司的見解，非常有助於我們了解公司現狀。

然而，**只是分析數據，並不容易找到高解析度的課題，或鞭辟入裡的假設，因此最好將數據分析視為驗證假設和建立背景知識的工具**。如果沒有假設，便無法深入理解數據的含義，而過度關注數據分析，又容易迷失在數據的汪洋，浪費過多時間。

過度追求數據甚至可能導致誤判。越戰期間，時任美國國防部長羅伯特．麥克納馬拉僅根據量化指標做判斷，忽視了其他要素，導致美國戰敗，後人也將這種情況稱作「麥克納馬拉謬誤」[8]。

除非你是數據科學家或精通數據分析的研究人員，否則我建議簡單分析過數據，對現狀有一定理解後，接著進行質性研究。拓展新事業時，往往沒有公司內部數據，新市場也可能缺乏第三方機構的報告和數據，想在這種情況下取得質性資料，訪談就是一種成本效益比挺高的方法。

訪談（內化）

訪談是提高解析度時成本效益比最高且適用各種職業的方法。聽取他人對你當前假設的意見，可以獲得新的資訊，促進思考，將深度層級推展至三到五層。

在構思產品的階段也可以訪談顧客，深入了解顧客平常的行動與面臨的問題。如果需要專業知識，訪談專家也能了解尚未出現在文章、書籍上的最新、最深度的知識。

訪談的效益並不限於上述情況，**業務員在談生意時摸索客戶問題的過程，也是一種訪談；客服人員透過交談找出對方煩惱的根本原因、主管為了改善業務狀況而聽取員工意見、政治家與課題當事人對話以加深理解，這些行為都是訪談**。換句話說，我們平常就在做這件事情。不過，常做並不代表擅長，訪談也是一門技術，有人擅長引導對方說出想法，有人則不然。

以下將具體講解訪談的方法。

聽取事實，而非意見

商業始於顧客。挖掘課題，提高課題解析度，也意味著提高我們對顧客的解析度。

訪談顧客時要注意一個重點：**聽取事實，而非顧客的意見**。如果訪談對象是專家，那多聽一些意見也無妨，但訪談顧客時，應優先關注事實。

好比偵探應該詢問嫌疑犯：「你在這段時間做了什麼？」然後從事實中推理出眞凶。如果偵探到處問人：「你認爲誰是凶手？」還根據多數意見指出眞凶，所有人肯定大失所望。

同樣道理，**單純根據顧客的意見製作或改善產品、服務，通常也不會順利**。我們應該先了解顧客的實際狀況，根據事實建立自己的假設，才能創造價值。賈伯斯經常引用亨利・福特的名言：「如果我問顧客想要什麼，他們可能會回答：一匹更快的馬！」[9]意思就是，客戶說的話不一定是他們眞正想要的東西；而我們的工作，是去思考客戶眞正的需求。

顧客對自己面臨的問題與解決方案的解析度普

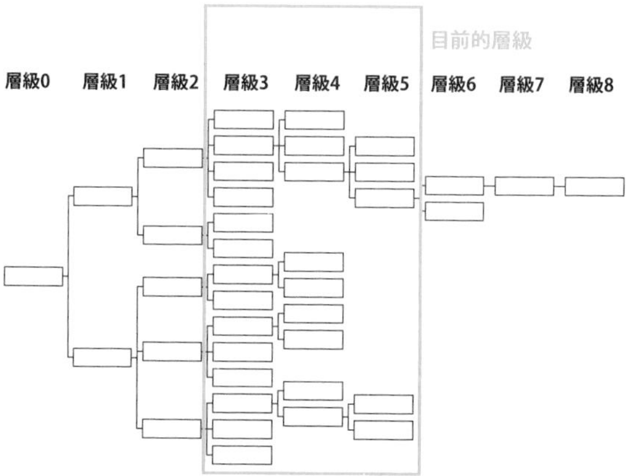

遍不高，因為他們只站在使用者的立場，所以認知很容易只停留在「不太滿意」，不會去深究，甚至沒有充分理解問題為何產生。舉例來說，很多人吃了某道菜覺得「不好吃」，並不會去分析原因；對於「上班打卡很麻煩」「經常忘記算每個月的交通費」等不便或不滿，也只停留在「不太滿意」的狀態，不會提高解析度。

就算顧客自己分析課題，結論也不一定正確。各位不妨想像自己生病的情況，我們雖然能描述病痛等症狀，也可以根據道聽塗說的醫療知識請求醫生使用特定藥物或替代療法，但這些判斷大多不正確。若缺乏專業知識，很難根據症狀找到真正的病因，所以我們才需要向專業的醫生諮詢，理解根本原因並尋求正確的解決方案。換句話說，顧客對於課題的理解有限，專業人士則能基於事實進行思考，找出課題的病因；商業上也一樣。

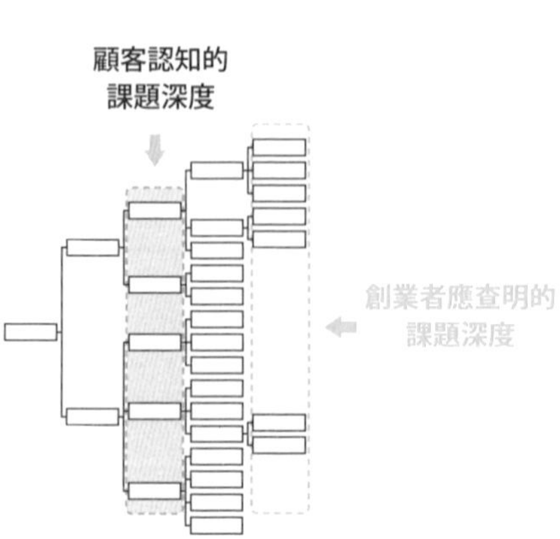

進行訪談的人應該是顧客達人，或是準達人。訪問方要**蒐集事實，基於事實思考，並轉化為洞見**。雖然顧客的意見也有可能直接帶來啓發，但也**不該將「思考」責任交給顧客**。

訪談顧客時，請恪守以下原則：**引導對方回憶過去，但不要讓對方思考未來或創意**。只問現在與過去的行爲，不問對將來的揣測，便能最大限度減少顧客的意見。

假如顧客的回答太抽象，可以徵詢更具體的答案，例如請他們**回答明確的數字**。假設他們說：「這問題很難解決。」你可以追問：「如果用零到十分來打分數，你會打幾分？」或是：「這問題跟其他問題比起來有多困難？」像這樣深入追究，釐清模糊的答案，就能提高解析度。

我們可以用6W3H（Why／What／Who／When／Where／Whom／How／How much／How often）檢視基礎事實。當顧客談到疑似課題的內容時，你可以問：「這是在什麼時候、在哪裡發生的？對誰來說是個問題？」「它多常發生，你爲此花了多少錢？」問清楚6W3H，就能掌握更詳細的事實。

利用半結構式訪談催生洞見

如果訪談的目的是爲了催生洞見，就不能像平常閒聊一樣，必須運用一些技巧。閒聊比較注重雙方樂在其中，所以會盡量保持談話順暢；訪談則需視情況打斷對話，拉回主題，深入提問，挖掘資訊。我們得動點腦筋，才能引導對方說出自己想知道的資訊，以下介紹一些訪談技巧。

訪談方法分爲三種：結構式訪談、半結構式訪談，以及非結構式訪談。結構式訪談會事先設定好問題，問不同對象相同問題；非結構式訪談不事先決定問題，而是臨場提問；半結構式訪談則介於兩者之間，大致上會按照事先設定的問題提問，但也會視情況隨機應變。

訪談顧客或專家時，建議採取半結構式訪談，**好處是所有訪談基本上都採用同一套問題，容易比較訪談的結果，而聽到有趣的回答時，還可以視情況稍微偏離主題，進一步深究**。

進行半結構式訪談之前，務必準備好問題清單，建議參照現有格式進行探索性訪談。新創培育機構 Y Combinator 便建議參考《母親測試》[10] 一書，採取以下的半結構式訪談：

- 您目前面臨最難解決的問題是什麼？
- 請告訴我您最近一次面對該問題的情況。
- 爲什麼該問題很難解決？
- 您過去嘗試了哪些解決方法？
- 您對過去嘗試的解決方法有什麼不滿意的地方？

此外，我也以《精實顧客開發》11爲基礎稍作改編，推薦創業者採用以下訪綱：

- 您目前如何處理○○（課題／行動／工作）？
- 請告訴我您最近一次面對○○的時候與情境。
- 請告訴我您曾經嘗試哪些解決方法。
- 您對這些解決方法有什麼不滿意的地方？
- 如果哆啦A夢能拿出道具來幫助你，你會希望他如何處理○○？不是作品裡出現過的道具也沒關係。
- 還有其他我應該知道的事情嗎？

問題中的「工作」是指《創新的用途理論》[12]等書籍中的概念：「人在特定狀況下想要實現的進步、需要處理的事務或差事」。

之所以設計哆啦A夢的問題，是爲了**了解對方的「理想」，而不是「想要的東西」**。雖然詢問顧客「想要的東西」，顧客就會開始思考產品和功能等，但就理解顧客的立場上，最好還是了解一下他們理想中的狀態或期望的成果，因此才安插這樣的問題。

詢問過程中，受訪者可能會有某些與眾不同的行爲，或說出獨特的事實，如果時間允許，請深入探討這些部分。如果對方看起來很想分享，不妨深入詢問。

如果你聽了忍不住問對方：**「哦，聽起來真有趣，能不能告訴我更多細節？」**表示你即將有所發現，訪談也接近成功。半結構式訪談的樂趣，就在於提出一些稍微偏離主題的問題，並從中獲得許多洞見。

善用人脈，積極尋找訪談對象

尋找訪談對象時，透過熟人介紹是最有效率的。然而我們認識的人有限，這時，以新創公司來說，可以在網路或社交媒體上聯繫與自己沒有直接關聯的人。起初可能很難找到願意受訪的人，需要一一發送郵件或親自拜訪，如果不這麼拚，恐怕很難找到訪談對象。雖然不容易，但只要堅持這麼做，解析度一定會提高。很多時候只要**找到一個願意積極協助你的關鍵人物，就可以藉由這個人的介紹，一下子找到許多訪談對象**，所以請努力克服最初的難關。

使用ＧＬＧ或VisasQ等約訪專家也是一種方法，然而這種服務所費不貲，約訪數名專家可能就得花上數十萬日圓，比較適合大企業。若缺乏資金，只好多想點其他辦法，例如參加社群或專家演講活動，在交流會上尋求他們的意見。

如果是Ｂ２Ｂ的服務，訪談對象應包含**面對課題的基層和握有決策權的管理階層**。若不與握有決策權的人交流，就無法了解其購買的判斷基準。但決策者並不一定正確掌握基層的課題，因此也會出現一種狀況：你仔細聽取了管理階層或決策階層的意見，所以對方買單，但你提供的產品卻不符合基層的課題或工作流程，結果完全派不上用場。

訪問專家時，通常必須聽取更多意見而非事實。只不過，很多專家雖然了解整個產業，卻不清楚實務細節，因此不能只訪問專家，也一定要和實際面臨問題的人對話。

為避免雙方關係隨著訪談一起結束，建議定期與協助過你的人保持聯繫，例如定期通知他們計畫的進展。有些創業者會與同一名對象約定每兩週或每個月訪談一次，這是個有效方法，在約定時間到來之前，務必適時通知對方事業或產品開發的進度。如果一再約訪，事業卻沒有任何進展，恐會失去對方的信任，導致下一次約訪變得困難。此外，訂立一個期限，也能刺激自己的效率。

如果真的找不到訪談對象，可能代表你涉足的不是自己擅長的領域。如果你真的對某個領域感興趣，應該平常就會從事相關活動，也建立了一些人脈才對。所以碰到這種情況，不如考慮挑戰其他領域。如果你依然想挑戰該領域，就得投入時間和精力，加入相關社群或參與相關活動，深入了解該領域。如果你對照護領域感興趣，可以加入照護相關的社群；如果你想開發設計師用的軟體，可以加入設計師的社群。某些情況下，你甚至可以將遠光放得更長遠，例如回大學重新學習該領域的知識。當你在社群中建立了人脈，自然能更輕鬆訪談他人，還能在閒聊中聽到他人的深層煩惱。或許還會遇到願意和你討論想法的人，找到能共同創業的潛在合夥人。

寫下訪談對象的「故事」

敲定訪談後，**一定要事先調查訪談對象**，透過社交媒體、報導、影片，稍微了解對方。只要在訪談過程中暗示自己有認真了解過對方的背景，就能博得一定的信賴，使訪談更加順利。尤其訪談專家時，務必事先讀過對方的著作、報導或論文。

如果是一個團隊，建議分工合作，**一個人負責提問，一個人負責記錄**。因爲同時聽和寫很容易分心，較難提出好問題，但太多人一起訪談，又可能造成對方壓力，所以兩個人比較剛好。可以的話，建議兩個人輪流擔任提問與記錄的角色，這次負責提問的人，下次就負責記錄。像這樣輪流擔任不同角色，也可以相互學習對方的優點，進而提高訪談水準。

記錄時別只記重點，盡可能逐字逐句，就連停頓與附和也要記錄下來，如此便能留下訪談的氛圍與對方停下來思考的地方，未來回顧時會非常有幫助。建議各位在記錄時，以**寫下訪談對象的「故事」**爲目標。

不要做問卷調查，一定要當面訪談

常常有人質疑：「問卷調查不是能取得更多數據嗎？」我在大學講課時，也會出訪談顧客的作業給學生，儘管我再三強調：「不要做問卷調查，請當面訪談。」採取問卷調查的人依然層出不窮。

爲什麼我這麼強調訪談的重要性？再次以偵探的例子來思考這個問題，如果一名偵探只對嫌犯與關係人做問卷調查，然後根據調查結果推理眞凶，恐怕無法取信於人吧。

就好比醫生不可能要求患者塡寫問卷回答「自認身體哪個部位有問題」，並據此分析病因。但不知道是因爲問卷調查比較簡單、能取得更多數據，還是平常只有以消費者的立場看過大企業這麼做，許多人似乎都有過度倚重問卷調查的傾向。

假如你的產品已經擁有大量顧客，你希望調查使用滿意度，那麼透過問卷調查蒐集大量數據來驗證假設，效果確實不錯。然而，問卷調查只能了解整體概況，**無助於加深我們對顧客的理解**。

有些人主張問卷上的開放式問題也是一種訪談，然而這和當面訪談獲得的資訊並不一樣。人在回答開放式問題時，通常只會挑明確的感受寫，而且因爲嫌麻煩，都寫得很簡短，很難獲得有弦外之音的回答。

當面訪談不僅能獲得較複雜的資訊，也能觀察對方細微的反應，這些都是重要線索。舉例來說，如果顧客的回答態度積極，代表他們對你提出的課題深有同感，煩惱不已，也暗示了課題的強度有多高。談到產品時，如果顧客的反應積極，甚至表示：「想立刻買下產品，馬上帶其他團隊成員過來。」便驗證了你對產品需求的假設。而且，訪談過程中如果有什麼在意的事情，還能當場深究，這些都是問卷調查難以實現的優點。

一般策略顧問談論思考術的書籍都不太強調這點，但實際上，持續進行腳踏實地的訪談和實地考察是很重要的事情。我常聽說策略顧問出身的人透過這些行動，發現了客戶先前沒有察覺的觀點，言下之意，那些表面上看起來擅長製作漂亮資料的人，其實也是經過一番辛勞才獲得自己的見解。

再次重申，無論再麻煩，也請盡可能當面訪談。如果礙於時間或地點而無法見面，也可以視訊訪談。請避免使用LINE之類的文字通訊軟體，因爲那樣乍看之下類似訪談，但實際上更接近問卷調查，算不上訪談。

訪談過五十個人，才算真正站在起跑線上

據我觀察新創公司初期團隊的印象，**至少要訪談三十到五十名顧客才能找到新產品的頭緒**，而且還不是完善的假設，只是可能性較高的初步課題。實際上也有研究[13]表示，訪談人數與後續點子的改善密切相關，所以訪談人數多多益善。

那麼，訪談五十名對象需要多少時間？

假設每次訪談三十分鐘，考量到調整時程和整理紀錄需要一些額外時間，估計每次訪談需要一小時。那麼訪談五十名對象，大約需要五十個小時。

要找出五十名訪談對象也得花點時間，通常前十五名訪談對象還可以透過身邊的人介紹，但之後勢必要廣泛招募陌生人。假設平均需要一個小時才能找到一名訪談對象，

那麼就需要再加上將近五十個小時，總計下來，大約需要花上一百個小時。

一百個小時聽起來很多，但與全職工作的工時比較，我們每週大約工作四十小時，每月工作一六〇小時，一百個小時也就只有全職工作六〇%左右的時間。假如新專案的負責人，短短一個月就找到新商機，那可以說進展相當順利。據我所聞，大企業實際成立新專案團隊後，通常需要花上一年才會找到可能商機，所以只花一個月真的算非常快。

請各位抱著訪談過五十個人才算真正站在起跑線上的心態。**只有極少數人能單純透過訪談找到「不為人知的課題」，訪談只是幫助我們抵達深度三到五層，找出「哪個部分可能存在重大課題」的手段之一**。

訪談不僅是提高解析度的手段，還是開發潛在顧客的機會。透過訪談，對方也會了解我們的事業，甚至可能促成實際的生意。即使還沒有產品，或許也會有人希望你完成後聯絡他們；甚至還可能出現有興趣加入團隊的人。透過訪談建立的關係絕對不會白費，所以鼓勵各位積極進行。

一開始還不熟悉訪談時，可能會進行得不太順利，或是感覺收穫有限，進而萌生退意，但就此放棄未免也可惜了。只要累積訪談經驗，總會駕輕就熟。參考本書介紹的範本，多多嘗試，有時也可以觀察、效法他人如何訪談。

訪談注意事項

訪談是提高解析度的方法中效率最高的一個，所以我花了很多篇幅講解。最後，我想談談訪談上的注意事項。

當你訪談顧客到了一個程度，可能會察覺自己的假設有誤，比如**訪談十位預設顧客後，發現大家都沒有你原本設想的問題，代表你的假設可能錯了**。大致上，只要訪談五到十人，就能看出傾向，一旦察覺苗頭不對，請立刻修正或放棄假設，制定新的假設再繼續訪談。

前面提到，訪談過五十個人之後，便能看出有機會實現的假設，但這並不是指一開始的假設，過程中必須不斷調整，摸索更好的可能，有時也需要大幅更動，所以不要過度執著於某項假設。

當你感覺再也無法獲得新資訊時，建議先暫停訪談，嘗試其他方法。不過，大多情況只是因爲我們的理解停留在表面，或問題問得不好，所以在嘗試其他方法之前，最好先仔細審視自己訪談的狀況。即使嘗試其他方法，也請定期回過頭來進行訪談，留意顧客行爲和局勢的變化。

實地勘察（內化）

雖然訪談是成本效益比很高的方法，但也有限制。如果我問各位，能否在三十分鐘的受訪時間內充分說明自己的工作內容，我想大多數人都會給出否定的答案。

訪談只是請受訪者描述他們的所見所感，以便我們理解對方，而**創業者或新事業的負責人需要察覺多數人從未發現的課題，甚至洞悉顧客自己也忽略的事情，以及尚未言語化的事情**；就連公司內部，也可能存在員工無法描述的課題。

想要進一步鑽研課題，有個好方法，就是**實地觀察，親眼見證、親自體驗目前發生的狀況**。

觀察藏在細節裡的線索

觀察預設課題發生的情境，或顧客使用自家產品、服務的情境，可以更加了解顧客的課題。

觀察並不只是人到現場看當下發生的狀況，關於這點，福爾摩斯與助手華生的對話為我們做了清楚的示範：

「你只是看，但沒觀察。看和觀察是兩碼子事，舉個例子，從玄關到這房間的樓梯，你看過很多次了吧？」

「是啊，看過很多次了。」

「很多次是幾次？」

「幾百次吧。」

「那我問你，樓梯有幾階？」

「幾階？我哪知道。」

「當然了！因爲你該看的都看了，但沒觀察，這就是我的意思。順便告訴你，我可是知道樓梯有十七階。因爲我有看，同時也有觀察。」[14]

很多時候我們似乎都看了，實際上卻沒有充分觀察。這或許是大腦爲了節省認知資源，但也使得我們對許多事物視而不見。因此我們必須有意識地思考

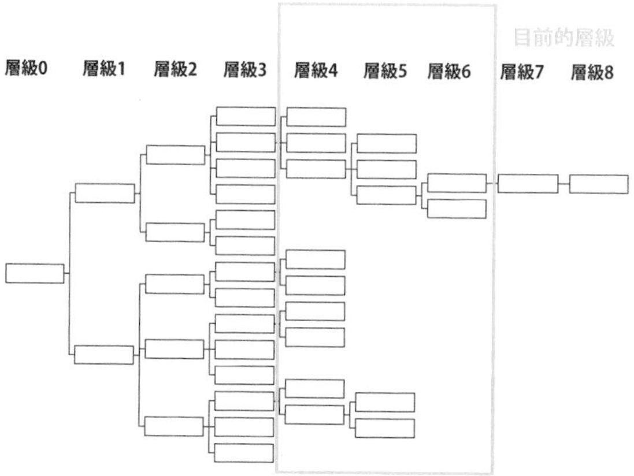

「要注意什麼」「如何注意」，並仔細觀察。爲了從觀察中獲得洞見，我們需要學習技巧，反覆練習。以下是觀察時可以留意的事情：

觀察和訪談一樣，可以分爲結構式、半結構式以及非結構式。結構式觀察的做法是將觀察到的內容填入編列好項目的表單中；半結構式觀察是事先確定某些觀察項目，並視情況靈活應對；非結構式觀察則是完全不預設觀察項目，直接到場觀察。想成爲優秀的觀察者，初期建議採半結構式觀察，並做好充分的事前準備。

還有一種結合訪談和觀察的方法，稱作「脈絡訪查」，做法是實地勘察，過程中若冒出疑問便立刻進行訪談。如同徒弟學習師父的動作時，遇到不懂的地方馬上提問，加深理解。**把自己當成拜師學藝的人，用心觀察並提問**；但過程中也要注意避免干擾到對方。

觀察時，請**盡量站在對方背後**，才能**與對方看見同樣的景象**。假設你提供某項科技服務，可以站在觀察對象背後，和對方一起盯著螢幕，看對方如何操作，又在哪裡遇到困難。如果面對面坐，說話時難免會顧慮對方，到最後變成訪談而不是觀察。

如果顧客平常有在使用競爭對手的產品，我們也可以站在顧客背後觀察使用狀況，了解他們操作產品的過程，以及會在什麼情況下碰到困難。如果他們同時使用其他工具，那麼我們推出的產品或許可以結合兩種工具的功能。

假設我們觀察顧客如何「分享螢幕截圖」，發現顧客是使用作業系統的基本功能進行螢幕截圖，替檔案命名後保存，再打開儲存資料夾和瀏覽器，將檔案上傳至雲端分享給其他人。顧客可能認爲這套操作流程理所當然，但像這樣來回切換視窗，其實稍嫌繁瑣。偶爾爲之就算了，但如果需要多次執行這項動作，像是編寫操作步驟說明書，便相當浪費時間。既然如此，不如開發一套系統，可以將截圖自動保存到指定網路空間，並即時生成共享連結，原本耗時五十秒的動作可能只需五秒就能完成[15]。像這樣觀察顧客的行爲，就有機會發現顧客自己也沒有意識到的問題。

線索藏在細節裡，就連槌子使用完後怎麼放，也可能是反覆嘗試後得出的結論，或是爲了避免受傷，或是方便下次使用時拿取。看似平凡無奇的動作也藏著深意，我們透過觀察，讀取顧客行動背後的意義和思維。

實地勘察時，**最好拍照或錄影**記錄，這不僅有助於日後回顧，還能與團隊成員分享。腦中想著「拍照」或「錄影」，也

可以避免自己觀察時漫不經心。此外，我們也可以藉由照片和影片的數量，確認觀察的成果。想像自己是在拍攝觀察對象的紀錄片；如果你仔細觀察，一個地點可能就拍下超過一百張照片，多跑幾個地方，轉眼就會累積出數千張照片。如果你拍的照片不到五百張，可能代表你觀察得不夠充分。

請在允許範圍內盡可能多拍一些顧客較具特徵的行爲，不只是稀奇的舉動，也包含一再重複的行爲，以及前後的過程。如果出於某些原因無法拍攝，也請利用速寫或詳細的筆記留下紀錄。重點在於記下顧客採取行動的脈絡和過程，掌握他們在什麼情境下採取什麼樣的行動。

至於觀察的成效如何，**只要試著將觀察結果寫成類似新聞報導的文章（言語化）**就能大概掌握。書寫時，請以第三方視角詳細描述。舉例來說，不要只寫「刀子」這種廣泛的詞彙，要明確寫出是餐刀還菜刀。如果有用到螺絲，也要明確寫出規格是M5還M8。寫完後拿給其他人看，問他們能否想像當下的情景，如果對方連細節都有掌握到，就代表你觀察得不錯。

實地勘察往往需要投資大把時間，花上數個月投入和事先準備。因此，別一開始就直奔現場，先透過調查和訪談找出顧客大致的課題，這樣即使揮棒落空也不至於造成重大損失。

從成本效益比的角度來看，觀察的效率並不高，但**有可能帶來調查和訪談都辦不到的全壘打級發現**；因爲提升解析度所需要的洞察，就藏在細節裡。

透過觀察可以獲得書面調查找不到的**最新資訊和細微資訊**。這些**具有現實感的資訊和數據，能讓我們知道事情的輕重緩急，還有機會從新的觀點理解現有資訊**。此外，實地勘察還能建立人脈，他們身上獲得有價值的資訊。實地勘察雖然是一項龐大投資，但還是建議將它列入選項。

親身體驗顧客的工作

很多事情光靠觀察也無法理解，因此**親身體驗顧客的工作，了解他們每天面對的課題**，也能加深我們對課題的理解，提高解析度。實際動手，可以將透過訪談和觀察獲得的「點」狀資訊連成線，構成面，進而形成立體的資訊。

這種跳脫旁觀立場，親自投入體驗的方法，稱作「參與觀察法」；例如以短期兼職或副業形式提供協助。

尤其有非常多B2B的SaaS領域創業者都曾經刻意採取這種看似效率不高的做法，親自投入體驗該產業的工作。據我所知，很多創業者因爲沒有相關的工作經驗，所以才選擇走進顧客的產業，親身體驗顧客的痛點，尋找未來事業的種子。比如爲了提供小型工廠某項服務而實際到工廠工作；爲了開發建築公司的相關服務而實際到工地工作；爲了提供飯店優惠方案服務而成爲飯店的房務員……

舉個實際範例，E la Carte 是開發餐廳用軟體的新創公司，創辦人就曾經爲了了解餐廳的運作，實際從事餐廳服務生[16]。另一家開發農產品流通SaaS的新創公司 kikitori，在開發服務之前也親自經營過蔬果店，讓自己站在顧客立場，進而發現問題[17]。以新興通用技術（如資訊科技）的事業來說，技術人員也經常在現場工作、摸索課題的過程中，發現新技術能解決的事情。

不少創業者在創業之前每天會兼兩份工作，體驗不同的職場環境。許多成長快速的新創公司也都是藉由參與發現某些課題，並從中挑選自身技術能解決且具潛力的課題作爲主軸，打造事業。

很多人可能以爲新創公司的人都是坐在時髦的辦公室裡，看著電腦、喝著咖啡，優雅地解決問題，但其實他們尋找課題的過程既乏味又繁瑣，因爲不深入至此，就無法提升解析度至可以開創新事業的地步。

如果你有某個領域的工作經驗，對其中的課題相當熟悉，是不必爲了創業再回去工作；但也有可能因爲過於習慣業界生態而難以看清問題，這時請嘗試換個角度審視自己的經驗。

另外，並不是只要實地勘察就能獲得需要的資訊；**參與之前請確實建立假設**，否則你就只是單純去工作而已。

深入個案（內化）

若想透過訪談進一步提升課題解析度，建議**專注於單一客戶**，因爲**「深入個案」可以獲得新的洞見**。

多次訪談同一個人，可以深入了解對方的課題和行爲，理解其煩惱、動機、職涯規畫等與課題相關的個人資訊，進而找到提高解析度的線索。

有些人會建議創業要「創造自己想要的東西」，因爲了解自己也是一種深入個案的行爲，也有機會得到好點子，Facebook 和 Twitter 的創辦人就是這種情況。

有一說認爲與其爭取多數人普通的喜愛，不如爭取少數顧客死忠的支持，更有助於事業成長[18]。假設你打算創辦一個寵物社群網站，詢問有養寵物的人，他們可能會覺得這個點子不錯，但光是這樣，解析度還是很低，看不出能解決他們的什麼問題。像這種

「好像很多人都有點興趣」的點子往往不會順利，因爲這些用戶很快就會流失。即便努力擴大服務、吸引用戶，也只會吸引到沒有太大需求的人加入，這些人會比早期用戶更快離開。這也是爲什麼創業初期必須爭取充滿熱情的少數用戶，爲了獲得這些人的死忠支持，你必須深入個案，深刻了解他們。

當你發現可能的課題或解決方案時，也可以套用於特定個案，馬上驗證好壞。比方說，你想到某種帳單管理服務的新功能時，**可以具體想像某個特定對象是否會想要這個功能**。

分析企業案例也是一種深入個案的方法。MBA課程中經常以案例爲基礎編排課程，這也是透過分析個案學習的方法。創業或發展新事業時，分析案例很有效。若了解一百至兩百間相關企業在創業初期的成長狀況，你就能依自身情況選擇戰術。如果可以，我建議調查和分析案例之餘，也試著聯繫該企業的員工

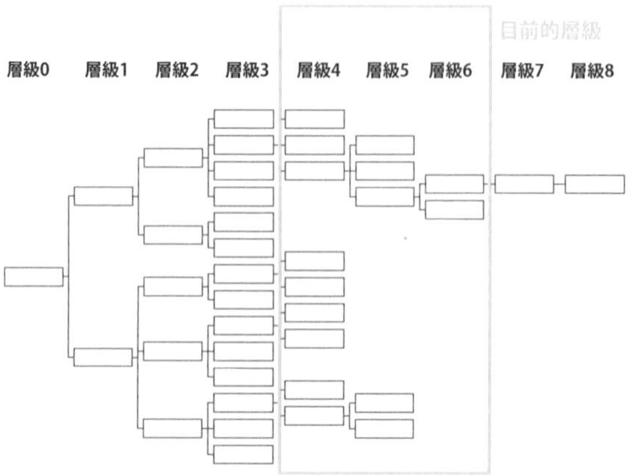

或相關人士，直接詢問他們，蒐集通常不會公開的挫敗經驗和當時的氣氛等資訊。別將那些失敗歸納成普遍性的原因，試著具體談論個案狀況，也能檢驗你對該案例的解析度。

關注個案時，也可以**注意極端案例、離群值和例外**。

舉例來說，據說打字機原本是為了全盲人士這類極端用戶而開發的產品。打字機原本是為了滿足盲人寫信等需求而發明，後來發現很多人都有同樣的需求，於是逐漸普及。又好比近年來，友善少數族群的包容性設計愈來愈受重視，因為這種包容性的設計流程也能刺激主流族群創新，打開新商機。

另一種方法是**關注那些從事最先進事物的人**。比方說，有個人積極響應環保，我們就可以調查他採取的行動與支出項目。新創領域也有一種說法：「現在只有少數人於週末從事的嗜好，十年後將成為常態[19]。」數十年前，只有少數人會隨身攜帶電腦，但現在很多人已經習慣隨身攜帶相當於小型電腦的智慧型手機了。

無法以過往模式或現有思維解釋的事物，可能是新變化的徵兆。**異常頻繁使用某產品的超重度用戶，或以意外方式使用某產品的用戶**，都值得深入探討，因為他們可能存在迫切的需求，即使以非常規的方式使用產品也想解決問題。所以請將你發現的奇怪行徑視為新機會。

截至目前，我講解了訪談、觀察、深入個案等方法，這些方法的共同點都是「**動腳思考**」，頻繁走訪現場，直接面對顧客與課題，便能獲得各種資訊和想法的線索。網路和書籍的資訊有限，靠自己的雙腳蒐集資訊，動腳思考，能加深自己對事物的認知。很多情況下，一個人能否鑽研至足夠深度的關鍵，就在於他願不願意不厭其煩地付諸行動。想脫穎而出，請積極嘗試上述方法。

追問「Why so」，從事實導出洞見（外化）

前面我們談論如何深入挖掘事實，但即使掌握了特殊的事實與資訊，也很難直接獲得獨到的洞見和假設。我們必須基於事實和資訊思考，用言語表達自身洞見，也就是將內化的事實外化。

「言語化」就是一種外化方法，而更進階的方法，是反覆自問「Why so」（爲什麼會這樣），深入挖掘課題的眞正原因。有時向顧客提出「Why so」，也能獲得解答，但顧客往往只能回答到一個程度，沒辦法說得更深，這時就需要我們自問自答了。如果你得出其他人沒發現的答案，那就是你獨到的洞見；接著再不斷針對該洞見提出「Why so」，便能挖掘更深層次的見解。

但請注意，這些洞見只是假設，假設究竟對了多少，必須經過驗證才會知道（驗證假設的方法詳見第七章）。

或許已經有很多人在其他書籍上看過「Why so」的概念，畢竟策略顧問等領域也常用到這項方法，例如大野耐一先生在其著作[20]中便指出調查原因時「重複問五次爲什麼」的重要性。

然而，很多人將「Why so」應用於自己的工作時卻只停留在粗淺的程度。例如將餐廳顧客的課題定義爲「訂單資料管理」，並自問：「爲什麼訂單資料管理不易？」許多人到這裡就迫不及待直奔解決方案，得出的

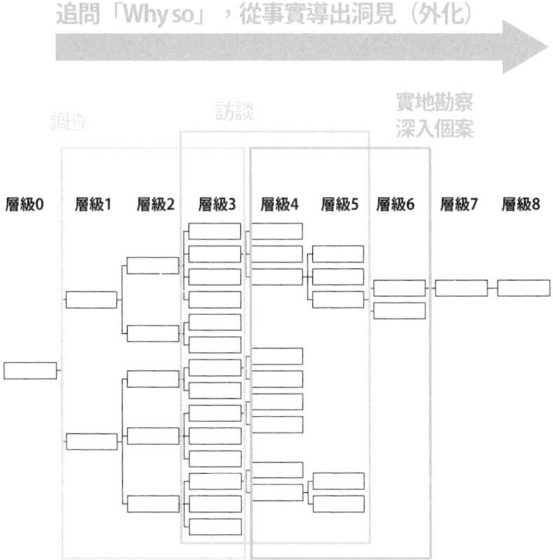

答案是「因爲沒有數位化」，認爲只要數位化就行了。但**正因為存在更深層的原因，課題才會到現在都還沒解決**。**我們必須更深入挖掘肇因，才能真正解決問題**。這些道理，總是當局者迷，旁觀者清。

因此，我建議**追問「Why so」時留意深度層級**。針對先前調查與訪談中看見的事實和假設的課題，追問五次「Why so」，理應能達到深度層級六，再繼續追問，鑽向深度層級七到十。如果發現多種可能原因，也別忘了注意結構（詳見第五章）。

不過自問自答效果有限，可能挖不到更深層的地方，所以不妨**找個人聽你說**，請對方問你「Why so」。以前述餐

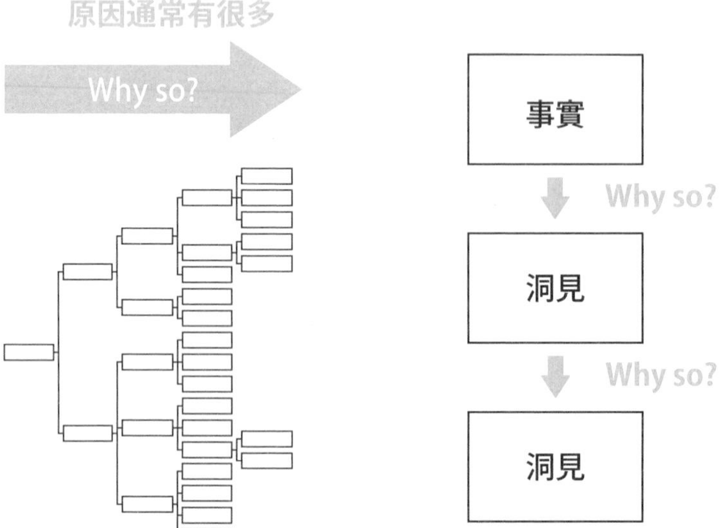

聽的例子來說，可以請對方問你：「爲什麼訂單管理方式一直沒有數位化？」若你回答「因爲有人只用傳眞發送資料」，再繼續追問：「爲什麼一定要使用傳眞？」像這樣逼自己加深思考。

「Why not so」（爲什麼不會這樣）也是一個有效問題。你可以問自己：**「為什麼這個問題至今尚未解決？」**問題尚未解決一定有其原因，若你無法解釋清楚，可能代表你對課題的理解還不夠深入。

追問「Why so」時需要注意五件事：

第一，必須先根據內化的事實，**針對課題提出具體的假設，才能開始問「Why so」**。如果從「顧客想培養某種習慣卻做不到」這種太抽象的課題問起，得到的答案可能只會是「缺乏動力」「缺乏目標意識」等普遍性的原因。相比之下，如果出發點夠具體，例如「在都會工作三年的上班族，想培養運動習慣卻做不到」，則更容易找到具體答案，例如「因爲沒時間」「因爲清晨和深夜時段能去的健身房很少」「因爲沒有定期舉辦可以跟其他人交流的團體運動活動」等等。

第二，**請體認到「Why so」是非常高壓的問題，很可能需要花上大把時間才能找出答案**。有時只要問個兩、三次就能得到一些假設，但要找出根本原因的假設，往往需要提問超過四次，而這非常耗時。假如專案時間有限，也可以鑽研到一定程度就好，但如果你希望提高自己的解析度，就得培養精神面的耐力，即使屢屢陷入瓶頸，找不到答案，也要一次又一次地反問自己。

第三，**不要過度將原因歸咎於個人**。若將問題怪在個人頭上，便無法改善體系。以前面餐廳的例子來說，如果將尚未數位化的原因歸咎於「因爲有人只用傳眞發送資料」，答案就有可能導向「教那些人數位化」。這的確也是一種答案，但如果留意整個組織或系統，例如「缺乏學習新事物的誘因」，可能會察覺更多解決方案。再假設一種狀況：某個人因爲忙碌，睡眠不足，導致注意力分散，延遲產品出貨時間，所以應該讓他不要那麼忙，多休息一些。以上對策聽起來可行，但如果個人的差錯會直接影響到產品與出貨狀況，那或許代表系統本身存在問題，這麼一想，便更容易找出改善措施[21]。一個健康的人都難免會犯錯，所以眞正的目標應該是建立一套即使個人出了差錯，也不會影響整體運作的機制或系統才對。

雖然問題也可能出自個人思慮不周或故意鑽系統的漏洞，但這些都是少數情況。人天生擁有一種偏見，稱作「基本歸因謬誤」，意思是我們在觀察他人行爲背後的原因時，往往輕忽了外在環境的影響，傾向將原因歸咎於個人的性格和特質。所以追問「Why so」時應盡可能去除偏見。

有時候，一股腦兒追問「Why so」也挖不出根本的原因，這就是需要注意的第四件事：**必須配合不同層面（業界、公司、個人），調節問題的抽象度**。例如，很多公司之所以使用傳眞機，是因爲在業界整體環境下，傳眞機是最好用的工具，既然如此，如果只挖掘個人層面的問題，就會誤判問題的眞正原因。某些情況下，問題也可能出自不同層面之間的互相作用（關於抽象度，詳見第五章的「結構」部分）。

如同前述，我們傾向將問題歸咎於個人，因此必須抗拒這種誘惑，提高問題的抽象度，**將注意力放在系統上，才能洞見新知**。克里斯汀生教授在《創新的兩難》[22]中試圖解釋爲何大型企業經常忽視突破性科技，其分析相當獨到，不將原因歸咎於特定個人或公司的能力，如「大企業無能」「管理階層無能」或「大企業經營能力不足」等，指出大型企業即使意識到破壞式創新，也可能因爲缺乏組織和個人的實行動機，最終依循合理的判斷，陷入兩難。正因爲他是從系統層面揪出癥結點，這項概念才能震撼商業界。

將經營失敗的原因歸咎於經營者個人，那麼我們能提出的解決方案就只有「找個更好的經營者」；但問題若出在系統，就有不同的解決方案。克里斯汀生教授的另一本著作《創新者的解答》[23]便探討了如何解決創新的兩難，以及系統要如何設計才能減緩其影響。

最後，第五件注意事項：**不要用「Why so」攻擊他人**。追問「Why so」雖然能刺激對方思考，但對方答不出來時，可能會有受到責備的感覺。因爲有些人問「爲什麼你這樣做」「爲什麼你做不到」之類的話並不是眞的想知道原因，只是想攻擊、嘲諷對方，或是讓對方因爲答不上來而感到無力與不甘。就算對方回答了，有些人也會聲稱自己無法接受那種理由，而咄咄逼人。「Why so」是能用來駁倒或否定對方的利器，力量非常強大，我們應該將它用來加深自己的思考或引導解析度較低的對象思考，而不是拿來攻擊對方。簡單來說，**「Why so」應當為了促進對話而用**。

曾經有人問我應該追問「Why so」到什麼程度，其中一個答案是：當你能夠以樹狀圖分析原因至深度七到十層的時候。「是否發現獨到的見解」也是一項判斷標準。假設你打算提供餐飲業相關服務，你可以將自己的見解說給外行人聽，觀察對方反應驚不驚訝。如果他們聽到你說「其實○○才是眞正的原因」時驚嘆連連，代表你的見解很獨到。如果你提出的意見很一般，例如「餐廳經營不順利，是因爲營業額低」，只能說你對課題挖得還不夠深，請繼續往下挖，直到找出令人驚訝的見解爲止。

養成言語化的習慣（外化）

前面介紹過，言語化是提高解析度的第一步，想要深入探索，就必須養成將想法言語化的習慣。以下會介紹三個培養言語化習慣的技巧，這些都是「書寫」和「口述」的延伸。

做筆記

做筆記可以在外化的同時加深自己的思考，是一項相當可靠的武器。**當你冒出任何想法，請馬上寫下來，這個做法雖然單純，卻能有效提高解析度。養成習慣之後，一旦發現課題或靈光一閃便馬上做筆記，你的解析度就會飆升。**

人的記憶力比我們想像的還不牢靠。各位有沒有那種「突然想到某件事，下一秒又忘了」的經驗？很多時候甚至連「自己忘了什麼事」都想不起來。

著作等身的日本科幻作家星新一曾說過：

靈感不會隨隨便便無中生有。
必須翻遍成堆的筆記，雙手抱胸踱步，時而嘆氣，
在意不斷流逝的時間，對抗修改舊作的誘惑，
記下幾個冒出的靈感，又不滿於每一個靈感，

喝杯咖啡，對自己江郎才盡絕望透頂，

滴了眼藥水，洗好手，再回過頭閱讀筆記。

絕對不可以鬆懈下來。[24]

提高解析度的過程也類似這樣，只能不斷煩惱，逐步前進。連大作家也是如此，我們這些凡夫俗子當然更需要勤做筆記。重要的是，**即使自覺想法不完整也沒關係，先記下來再說。將記憶和想法留給筆記，腦袋就能騰出空間去想新的事情**。過幾天再回過頭看，可能會發現自己已經完全忘了內容，或者驚訝「自己說得眞好」。

現在要做筆記非常容易，畢竟現代人手機不離身，隨時隨地都能做筆記，而且很多應用程式還可以與電腦同步資料。我平常習慣用 Windows 內建的自黏便箋，可以透過 One Note 與 iPhone、Android 手機同步資料；使用待辦事項管理軟體也是一種方法。總而言之，讓自己處在一個想到什麼都能隨時記下來的狀態。

談論知識生產方法的《卡片盒筆記》[25]一書中，介紹了社會學家尼可拉斯・魯曼的高產能祕決。魯曼一生出版了六十本著作，第一本書於一九六三年出版，而他在一九九八年去世，等於三十五年內完成了六十本書，創作量無與倫比。

而他的祕訣，就是做筆記。他以卡片做筆記，一張卡片寫一個想法，畢生共寫下九萬張筆記。他數量驚人的著作，就是由這九萬張筆記重新組織而成。他做筆記時還有一些巧思，例如將重要的筆記和不重要的筆記區分開來；如果是引述書籍的筆記，他也不會照抄，而是用自己的話重新詮釋，並替筆記加上關鍵字，連結相關筆記。寫書時，他會重新組織筆記內容，結合自己的思考，完成著作。

像魯曼那樣用實體卡片做筆記需要很大的收納空間，但我們現在可以利用數位工具輕鬆完成相同的事情。使用 Scrapbox、Roam Research、Obisidian 等工具，還可以不斷建立筆記之間的關聯。

提高解析度的過程，有一項重要的行動是「建立關聯」；後面探討「結構」時也會談到這件事。簡單來說，做筆記、建立筆記之間的關聯，能有效提高解析度。書寫是非常重要的言語化方式，建議先養成書寫的習慣，一開始寫得斷斷續續也無妨，以筆記的形式記下思緒片段，遠比面對整張白紙苦思文章更容易寫出東西。之後再根據素材建構文章，你的想法就會變得更縝密。

當你成功寫出長文之後，也建議嘗試口頭表達。

對話

雖然自言自語也有效果，但**與人對話**的效果更好，因爲**當你試圖向他人說明時，自然不得不將想法化為言語，而對方提問，也能幫助你察覺自己不夠了解的地方**。蘇格拉底將對話比喻爲產婆術，因爲他認爲對話能夠發揮上述效果，催生新想法。

深入探討課題時，建議採取**「壁球式對話」**。這種對話並非兩人對等交談，主要由其中一人談論想法，另一人給予回應。就好比將球擊向牆壁，球並不總是直線彈回來，我們可以從對方的回應中獲得意想不到的資訊和觀點，加深思考。

然而，談話對象並不是人人皆宜，**扮演「牆壁」的人也必須對主題有相同程度的了解**，否則對話就會變質爲「教學」。而且對方若不夠了解，大多只能提出一般性的問題，很難提出有助於你鑽研課題的好問題。

創業者如果有合夥人，會比較容易進行壁球式對話，因爲他們對事業的了解程度相當，而且都很認眞對待事業。我聽不少創業者說，他們在創業前，每個週末都會和潛在合夥人進行壁球式對話，藉此了解彼此的默契和動機，改善點子的同時也促成合夥關係，一舉兩得。**找到可以進行壁球式對話的夥伴，也是提高課題解析度的方法之一**。

但要注意，我們很容易忘記對話的內容和結論，因此建議養成好習慣，對話結束後馬上將內容寫下來並整理好。

教導

教導是比對話和提問更進階的言語化方法，各位不妨嘗試**將自己正在思考的課題解釋給不熟悉的人聽**。

常有人說，教導是最好的學習方式，因爲站在教導方的立場，無法輕易說出自己不懂，勢必得深入學習。如果發現有解釋不清楚的地方，也能知道自己哪部分解析度還不足。不知道各位有沒有參加過讀書會？讀書會的運作方式是由各個成員輪流整理、發表主題書籍的重點，輪到自己發表時，自然會比平常準備更充分，也因此學到更多。

此外，教導方必然站在「接受提問」的立場。爲了妥善回答對方的提問，我們所做的準備可能必須超出教導的範圍，這也是提高解析度的好機會。

現在要教導他人也比以前容易得多，**因為我們可以主動創造機會，例如在部落格上分享自己所學，或在社交媒體上發布論文摘要，又或是嘗試拍影片說明**。也歡迎各位讀完本書後，試著與別人分享本書的內容，即使說明不完整也沒關係，你對本書的解析度肯定會在分享的過程中大幅提升。

教導還有一個良好的附加效果，就是增加自己的知名度。很多新創公司會利用自媒體發布業界資訊，吸引早期顧客和支持者，而個人也可以做到同樣的事情。請在自己認為重要的領域中積極嘗試教導他人。

增加詞彙、概念、知識（提高內化與外化的精準度）

有些人即使努力鑽研，也無法斬獲獨特的洞見，這些人的通病在於沒有好好理解自己觀察到的現象，其中一個原因，是他們**缺乏良好的詞彙和概念**，所以無法進行良好的內化和外化。

增加自己的詞彙，世界看起來會更清晰。

舉例來說，日文中如果要表達綠色，比起只知道「綠色」一種形容詞的人，了解「萌黃色」「草色」「若葉色」「若綠」「常盤色」「若竹色」等多樣形容詞的人，對顏色的觀察和表達方式當然更加細膩。前面寫道，提高解析度能讓我們眼中的世界更加鮮豔，而像這樣掌握大量形容色彩的詞彙，便能準確且鮮明地描述世界。

顏色只是其中一例，再舉個例子，有些人會將「水泥」和「混凝土」混為一談，但兩者並不一樣，水泥是混凝土的原料，混凝土則是水泥與水、砂石攪拌而成。由於水泥是粉末狀，容易搬運，所以通常會將水泥搬到工地後再與水等其他材料混合，形成混凝土。而工廠發貨的預拌混凝土若不持續攪拌，材料會分離，比重較重的沙子會下沉，較輕的水則會上浮。認識兩種詞彙的差異，就能了解爲何混凝土攪拌車總是停在建築工地附近，提高我們對日常所見風景的解析度。

詞彙量固然重要，但能否適當運用這些詞彙也很重要。爲此，我們需要了解每個詞彙通常會和哪些詞彙一起出現，反義詞和近義詞是什麼，以及在什麼樣的脈絡下使用、頻率多高等等，並將這些相關資訊組織成一張網絡。懂得巧妙運用相關詞彙，我們的語言能力將變得更犀利，能夠更精準地捕捉世界。

嘗試了解外文也是一個好方法。例如，「責任」一詞的英文是「responsibility」或「accounting」；但倒過來看，「responsibility」直譯的意思是「回應的責任」，「accounting」則是「說明的責任」。透過翻譯，我們會發現「責任」一詞似乎還分成幾種不同的意思，未來使用「責任」一詞時，便能思索自己到底是想表達哪種意思。同樣的，「freedom」和「liberty」都可以翻譯成「自由」，但前者的意涵較偏向「從某物中解脫」，後者的意涵則較偏向「行動不受社會與政治束縛」。像這樣了解其他語言，也有助於清楚區別類似的概念，進而更準確地認識世界。

以上情況不限英文，**了解不同語言的翻譯，都能看見世界的不同面向**。例如，「innovation」的日文通常翻譯成「革新」，中文則普遍翻譯爲「創新」。「革新」帶有革命性的印象，「創新」則帶有更多創造性的印象。了解兩個詞彙的意涵，便能看見「innovation」一詞的更多面向。

了解專業術語，可以認識事物的更多細節。同一個領域的人可以透過術語進行更精確的溝通，但同時，一旦誤用術語，就可能遭到同領域專家的質疑。換句話說，用字遣詞也是體現解析度高低的指標。

詞彙算是某種小知識，擁有這些小知識，觀察世界便能更加入微。除此之外，還有概念、假設、理論等規模較大的知識，**掌握愈多概念和理論，就能用更細膩的眼光觀察和捕捉世界**。關於如何用理論觀察事物，詳見第五章「廣度」的部分。

善用詞彙、概念和知識，便能不斷拆解事物和現象。各位有沒有看過拿鐵鎚將數個小楔子釘進巨岩，將巨岩鑿開的影片？詞彙、概念和知識就如同這些楔子。當你碰到無法用「Why so」分解的現象，不妨嘗試學習新的概念和知識，當作楔子，再用「Why so」一次又一次搥打，便能將大規模的課題和事物分解成更小的部分。

提高解析度時，務必**當心意思太廣泛的詞彙**。假設你將課題定爲「餐廳爲文件管理效率低落而煩惱」，其中「煩惱」一詞可以指涉各式各樣的狀況，煩惱程度也大不相同，有些案例也許只是心裡嫌麻煩，但有些案例也許因此耗費了大量時間而影響到其他業務；有些案例煩惱的可能是要一一檢查文件填寫狀況，也有些案例可能是因爲要管理的文件太多。諸如此類，造成煩惱的原因有太多可能，如果想提高解析度，就不能說「餐廳爲文件管理效率低落而煩惱，所以要用這個應用程式提高效率」，要改說「餐廳每天都要花一小時處理文件，所以要用這個應用程式提高效率」。

日常對話使用的詞彙雖然便於描述各種事物，但意思太廣泛，也可能使我們忽略現象的重要部分。想要提高解析度，應提醒自己使用更精準的詞彙、專業術語和數字。

若你已經採取行動，也不斷追問「Why so」，卻還是提升不了課題解析度，請審視自己是否閱讀量還不夠，缺乏相關的概念和知識。必須閱讀更多分析嚴謹的文章或論文，而不是只看新聞那種簡扼傳遞事實的文章，否則無法獲得足以當作楔子的概念。

很多藝術家或插畫家看似全靠直覺創作，但他們爲了畫

好人體，也會學習人體解剖圖，因爲他們必須了解人體肌肉的運動方式和結構，才能畫出優秀作品。卓越的表現與理解背後，必然存在知識。

思考固然重要，然而優異思考的背後，絕對少不了資訊。

加入社群，加速鑽研過程（提高內化與外化的精準度）

從「深度」的觀點來看，善用社群也是提升解析度的有效方法，因爲**加入社群可以獲得加深思考的線索和資訊**。此外，**與人相處，自然會得到更多將想法言語化或進行壁球式對話的機會**。甚至可以說，若不與人對話或參與社群，我們的理解就只能停在一定的深度。

例如，大學的研究室就是學術機構的基本社群之一。對特定領域感興趣的人，每天聚在同一個研究室，交流知識，請教前輩寫論文的方法。尤其實務方面的知識，通常有人教的話，會學得比起自己看書更快。也有一些研究室的做法比較特別，會請別人幫忙尋找相關研究[26]，舉辦「有趣事物介紹大會」[27]等活動。

此外，在寫論文的過程中也會接觸到其他大規模社群，例如學術研討會，學生在社群中互相切磋，逐漸成爲學者。研討會上的談話、透過論文外化的想法、查閱論文並進行批判性討論，都能促進知識生產。此外，論文被引用的次數、社群的評價，以及「終身制」（大學中，滿足一定條件的教職員即可獲得終身職位）等保障帶來的動機，都能刺激社群與其中成員不斷追求新知。

就鑽研特定領域、提高該領域解析度的觀點來說，「研究室」「研究所」的機制可謂一項偉大的發明。商業上也是如此，即使個人再優秀，能做到的事情依然有限，但我們可以**透過社群取得最新的成功與失敗案例等資訊**，也可能從擁有遠大抱負的人身上獲得啓發，產生新的洞見。社群好處這麼多，怎能不善加利用？

「用自己的腦袋思考」」和「只靠自己的腦袋思考」是兩回事。我相信所有人都曾經因爲與人對話而促進思考；**自行思考，也與他人一起思考**，如此才能提高解析度。牛頓曾說過「站在巨人的肩膀上」，意思是他站在先賢累積的基礎上思考，同時也可以解釋成他與古往今來的許多人一起思考。非洲有句諺語說：「一個人走，可以走得很快。一群人走，可以走得很遠。」[28]這句話也可以用於思考，一群人一起思考，是幫助我們思考深遠的一項利器（請慎選同行的夥伴，因爲夥伴會對你的思考影響重大）。

如果你不太喜歡一大群人聚在一起，也可以參加小型社群，例如兩人讀書會也算一種小型社群。假如找不到感興趣的社群，也可以自己創立，順利的話還能吸引許多人參與，協助你提高解析度。

如果你創立社群是為了加深對某領域的理解，建議初期人數少一點，最多七人。據說亞馬遜公司有所謂的「兩個披薩原則」，即會議或團隊的人數應控制在兩個披薩夠吃的程度，因爲這樣的人數在進行深度討論時成效較好。

尋求願意協助你的顧客也是建立社群的一種方式，新創公司就經常採取這種做法，**初期顧客不只是顧客，更是「共同開發事業」的夥伴，拉他們一起參與，頻繁獲得回饋意見，加速驗證假設的循環**（驗證假設的訣竅詳見第七章）。雖然這麼做可能使產品過於偏向某客群，但只要認知到這一點，拿捏好平衡，就能多少迴避這種狀況，打造出多數人都能使用的服務。

通常來說，解析度不會在一瞬間提高，因此提高解析度的過程中，如何維持動力也很重要；加入社群的一大優點，就是有助於我們維持動力。正所謂**近朱者赤，近墨者黑**，我們受周遭人的影響遠比想像中多，同時我們也會影響他人。也有人說**思考包含與人共事的部分，知識藏於集團**[29]。將自己的想法言語化，持續與夥伴、合夥人和顧客分享，或加入社群，都是提高解析度上不可或缺的行動。

某方面來說，深入探索課題，也等於**成為該領域的研究人員或達人**。我建議各位堅持鑽研，直到你能拍胸膛說出：「我稱得上是這個領域的研究人員。」「我對這名顧客已經了解透澈。」「我能與該領域的專家進行討論。」「我能自詡為這名顧客的最先進研究人員。」

請務必投入充分的時間蒐集資訊（調查），採取行動（訪談、實地勘察、深入個案）、思考（言語化、Why so），日復一日努力提高以上做法的精準度（增加詞彙、概念、知識，加入社群）。老實說，很多人都沒有好好花時間在這些事情上。

但也要注意，有些領域深入探索也沒什麼意義。假設有家新創公司訂下十年賺進一百億日圓的目標，但其所屬的市場規模只有十億日圓左右，再怎麼拚，也幾乎不可能賺進一百億日圓，即使深入了解顧客的課題，也無法實現目標。這時，我們就需要從「廣度」的觀點提高課題解析度了。

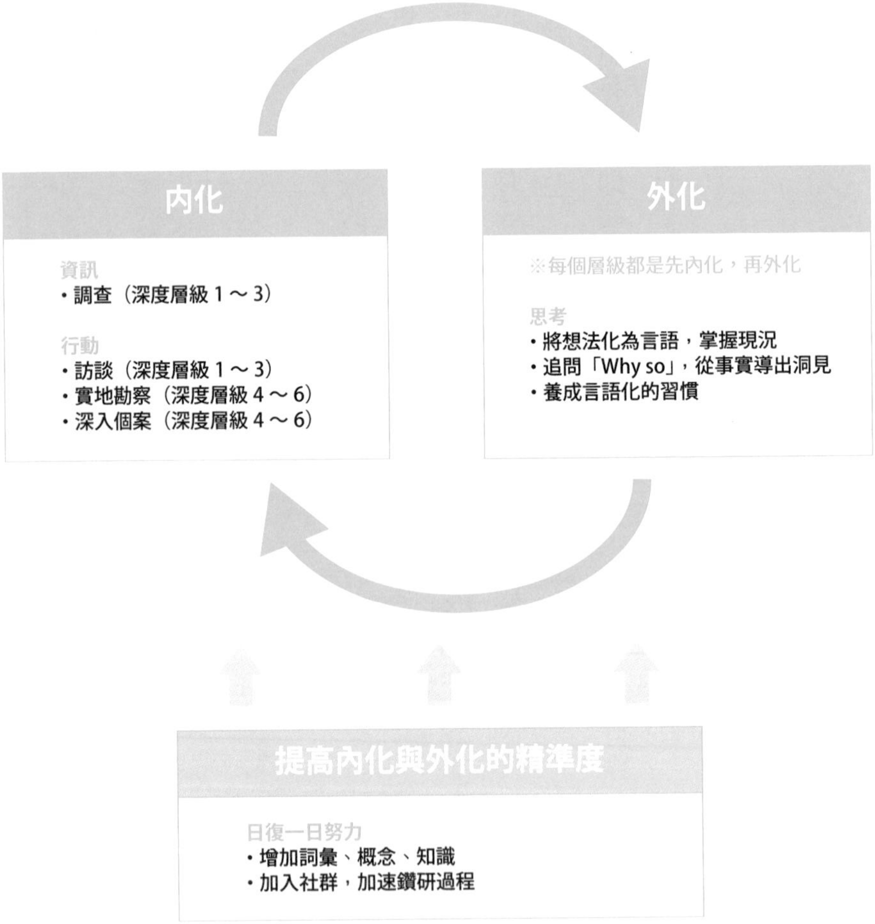
內化
資訊
・調查（深度層級 1 ～ 3）
行動
・訪談（深度層級 1 ～ 3）
・實地勘察（深度層級 4 ～ 6）
・深入個案（深度層級 4 ～ 6）
外化
※每個層級都是先內化，再外化
思考
・將想法化為言語，掌握現況
・追問「Why so」，從事實導出洞見
・養成言語化的習慣
提高內化與外化的精準度
日復一日努力
・增加詞彙、概念、知識
・加入社群，加速鑽研過程

課題的「深度」總結

- □ 先從言語化開始，以書寫、口述表達想法。
- □ 進行調查。到書店搜刮所有相關書籍，並善用網路資訊與影片。
- □ 訪談可以加深自己對課題的認知。事前建立假設，採取半結構式訪談；蒐集事實，而非意見；當面訪談，不要用問卷調查。
- □ 實地勘察，或採取參與觀察法。從中獲得的資訊和體驗將成為你的獨家資訊。
- □ 深入個案，獲得更深度的體悟與啓發。
- □ 一再追問「Why so」，將事實化為自己的洞見。
- □ 養成做筆記、與人對話、教導他人的習慣。習慣將想法言語化，提高內化與外化的精準度。
- □ 增加詞彙、概念、知識，更精準地捕捉世界。
- □ 加入社群，結伴思考，可以增加思考的深度。

Column 盲目追求數據很危險

隨著網路普及，各項數據唾手可得，稍微搜尋一下就能獲得需要的數據和圖表。數據至上的文化成為顯學，數據分析能力也受到重視。

以過往營業額預測未來營業額，從市場規模數據決定要跨足的新領域，精算產品產量擬定採購計畫……很多現有事業特別倚重以數據為基礎的計畫；而在追求創新的創業提案競賽中，許多評審也偏好這種計畫。

數據確實是一項重要工具，有助於我們客觀看待事情。但是光憑數字做出商業決策，就好比只看最終比分評論足球賽事，完全忽略選手在場上的表現。

假設我要求各位只憑以下圖表預測明年度的營業額，各位作何感想？恐怕會認為

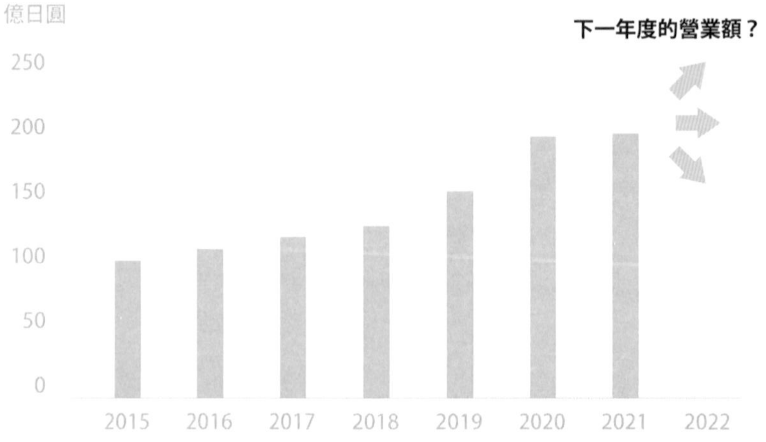

「資訊不夠」吧。光憑這一點資訊，根本無從判斷成長是否已經觸頂，開始出現下滑的徵兆，還是圖表中最後一年的資料剛好是特殊情況，所以明年還會再成長。然而，實際上卻常有企業只憑這些數據的趨勢，推估明年度的營業額，甚至在應該以高解析度掌握實際狀況時，也只關注數據。以數據思考很重要，但「只」用數據思考，問題就大了。

我們經常看到新聞報導數千人感染疾病，或戰爭和災害導致數萬人死亡，因而習慣了看事情只看數字。這些數據大多正確無誤，也能有效幫助我們了解整體狀況，然而，我們也疏忽了那數萬、數十萬的數字，其實是一則則親朋好友死去的故事，還連帶了數百萬人的悲傷。老是只看數據，恐會在不知不覺中忽略背後的意涵。

商業也是如此，**營業額的每一個數字都是一則故事，都包含了顧客的苦惱、悲傷和喜悅，也潛藏著帶來新商機的觀點**。

如果平常只面對抽象的數字，很容易不再關心數字的真正含義，或顧客使用產品的理由。若忽略顧客之間興起的新事物，恐怕還會錯過市場上發生的破壞性創新，如同當初相機廠商未能察覺搭載照相功能的手機造成多大的威脅，影音出租店無法因應大眾觀影習慣逐漸轉向串流服務的發展，導致事業挫敗。

杜拉克在《社會生態願景》[30]一書中談到：「我之所以不進行量化，主要是因為社會中那些有意義的現象並不適合量化。對統計學世界，即常態分布世界帶來變革的，都是特殊的事件。」

量化數據在改善業務效率、根據過往業績調整前進方向時很管用，若無數據，便無從得知過去的策略是否成功。

然而，正如杜拉克所言，基於量化數據

預測未來，只是過往趨勢的延伸，有很高的機率錯過特殊機會和風險。全憑數據判斷事物，看似先進又安全，實則不利於發現機會又危險。

唯有找尋特殊事物，才能帶來前所未見的新發現，打造快速成長的事業。這種時候，**必須詳細了解尚未數據化的實際狀況，也就是對該領域擁有高解析度**。了解最新的實際情況，敏銳地察覺新消費者的動向和商業趨勢，才能發現新的商機。

開拓新事業的路上充滿不確定性與模糊地帶，因此需要高解析度。就像不帶地圖登上迷霧籠罩的山林，只能靠自己探索四周，製作地圖。過去的數字幫助不大，必須不斷走訪實地，憑藉高解析度理解當下發生的事情。

反過來說，若能做到這一點，或許就能發現新的機會。

隨著網路普及、資訊爆炸，以及數據至上的趨勢，愈來愈多人不願意「走出去」。但也正因為如此，我看著這些四處奔波的創業者，強烈感受到**「走出去」的價值提高了許多**。他們重視行動，參與業界第一線的活動，持續提高解析度並發現機會。

思考不要光看數字，也要靠行動。但也千萬別忘了用數字嚴格檢驗自己設定的課題是否正確。

5

提高課題的解析度——「廣度」「結構」「時間」

提高解析度時，我建議先從「深度」著手，因爲絕大多數人的問題都源自深度不足。然而，若你在深入探索的過程中感覺到「再挖下去似乎沒有意義」「連要探索哪個部分都不知道」，這時就需要提升「廣度」。此外，深入探索時，視野容易變得狹窄，最好定期確認自己的廣度是否足夠。

時而鑽研深度，時而拓展廣度，還必須掌握事物的「結構」，拆解事物並進行結構化，才能更深入地理解。而爲了理解課題的定位，可能還需要爬梳整個產業的結構。

接著要考量事物隨著時間產生的變化，否則課題恐會逐漸跟不上時代。提高解析度的過程，必須始終注意「深度」「廣度」「結構」「時間」四種觀點。

本章會按「廣度」「結構」「時間」的順序，介紹提高課題解析度的方法。

從「廣度」觀點提高課題解析度

從「廣度」的觀點提高課題解析度，意思是擴大探索範圍，以更寬闊的視野理解問題。雖然探索猶如摸黑前進，但眞的漆黑到伸手不見五指的情況其實很罕見，通常還是能找到提示方向的燈火；我要說明的，就是如何利用這微弱的燈火擴大視野。

拓展廣度的基礎思維有二：「質疑前提」和「換位思考」。但光改變思維，也不足以拓展廣度，重要的是平時一點一滴打開視野。因此，本書還介紹了幾種能擴大資訊取得範圍的行動技巧，包含「親身體驗」和「與人交談」。

質疑前提

拓展廣度的過程中，我們首先能獨力做到的事情是**質疑事物的前提，思索其他選項**。很多人在一個行業待久了，便對業界的慣例見怪不怪，不過，對這些司空見慣的事物抱持疑問，質疑前提，有時也能看見不同的景象。

有個方法很有效：設定一個質疑前提的問句格式，好比我們深入探索時會問「Why so」，拓展廣度時也需要類似的問句。

多方考量各種原因與解決方式。

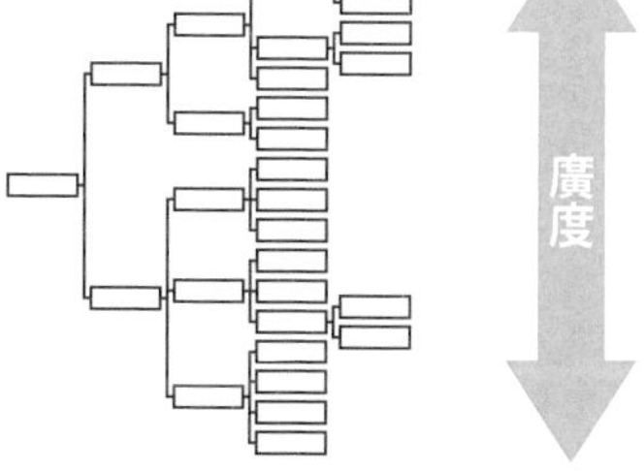

首先，我建議各位思考事情時追根究柢，從零開始思考，質疑固有前提，藉此洞見新知。顧問界稱這種思考方式爲**「零基思考」**。

假設我們的課題是「電梯的等待時間太久」，這時別急著提出「加快電梯速度」之類的解決方案，先思考「『等待』的本質爲何」，往後退一步，以更寬闊的視野看待課題。如果你認爲等待是指無所事事虛度時光，或許會想到其他解決方案，例如在電梯前放一面鏡子供人整理儀容，減少人們感覺等待的時間。

「這東西為什麼存在？」「這真的有必要嗎？」「其實怎麼做會更好？」這些問題都能有效審視前提。

伊隆．馬斯克創辦 SpaceX 時也是先追根究柢，思考「太空梭到底是用什麼材料製成的」，並計算材料成本，結果算出來的金額只有當時其他太空梭的二%，這意味著成本方面有很大的節省空間。即便不追溯到最基本的材料，只要花點心思，也有機會製造出價格優於競爭對手的產品。馬斯克靠著追根究柢的思維，發現了利潤龐大的商機，並打造出成本低於以往的火箭，成功開拓航太事業。

想要提出與社會對立的假設，務必像馬斯克那樣仔細計算與驗證（詳見第七章），否則你的想法恐會成爲反對而反對的外行意見。

還有一種方法叫**十倍提問**，將問題放大十倍，思考解決方案。例如「有沒有辦法將目前的性能提升十倍」「有沒有辦法用目前價格的十分之一做出同樣的產品」。這種思考方式能強行改變我們看待課題的觀點，注意到有別於以往的課題和著眼點。

重新框架也是有效的提問方式，意思是以不同的認知框架看待事物。領導通用汽車實驗室二十七年的發明家查爾斯·富蘭克林·凱特林曾說過：「有辦法描述清楚的問題，基本上已經解決了大半。」

換個框架，思考自己有沒有辦法在這個框架下清楚描述課題，或許就能更接近問題的本質。比方說，以「作爲一家旨在改善移動方式的公司，我們應該做什麼」取代「作爲一家汽車製造商，我們應該做什麼」，重新框架公司的業務範疇，或許就能發現新的課題。

想透過重新框架，提出好問題，必須具備一定的詞彙和知識才能做到。我在「深度」一章談過詞彙和概念的重要性，甚至可以說是不可或缺的要素。

當你問別人問題時，不妨記住這些問題，也拿來問自己。我們會對他人提出尖銳的問題，以理解對方含糊不清的陳述或促使對方行動，卻對自己卻太過寬容。如果你認爲自己提出了一個尖銳的問題或好問題，也請試著以同樣的問題問自己。

從「廣度」觀點提高解析度時，第一個方法是質疑前提，第二個則是換位思考。

我先簡單區分一下視角、視野、觀點的概念。

「視角」是看待事物的位置，好比在高山和在矮丘，視角就有高低差異。**「視野」即所見範圍**，也稱作眼界。視角高低會影響視野。**「觀點」則是你在視野中特別關注、看得特別仔細的部分**。

舉例來說，基層人員因為必須處理眼前的問題，通常視角較低，視野較狹隘，時間方面的視野也較短淺，偏向專注於當下的課題，這種狀態下更容易看見事物的細節。另一方面，經營者為了制定策略，需要以更高的視角、更廣的視野觀察各種事物，不只空間上要看得夠廣，時間上也必須看得夠遠，思考未來，相對來說也較難看現場的細節。

你可能聽過一些基層人員指責高層根本不了解實際狀況，這也無可厚非，畢竟高層與基層看待事物的空間和時間視野本來就不一樣。當然，高層也必須了解基層的狀況，才不會落入紙上談兵。然而，基層人員的批判有很大一部分肇因於誤解，因為彼此的職務，視角、視野和觀點都不一樣。每個人扮演的角色、所處的立場，都會影響看待事物的角度，在富士山頂掌握周遭地形很重要，但仔細觀察登山路線，移除那些容易使人絆倒的石頭也很重要。

必須適時改變視角，時而擴大視野，時而關注細節，才能發現更多事物。能否做到這一點，將大幅影響從「廣度」觀點提高解析度的效果。

所以接下來我們談談如何換位思考。

● 提高視角

想提高解析度，建議先提高視角，以獲得更寬廣的視野。

提高視角並非全然有利無弊，但我們很容易因爲太專注於眼前工作，導致視野變得狹隘，所以得時時提醒自己提高視角，避免偏頗。提高視角的方法，**就是站在比自己所處位置更高的立場思考事物**。假設公司指派你一項任務，先考慮這件事爲何重要，爲何指派自己處理，甚至可以重新審視其中的意義。以創業者的情況來說，可以站在其他創業者前輩

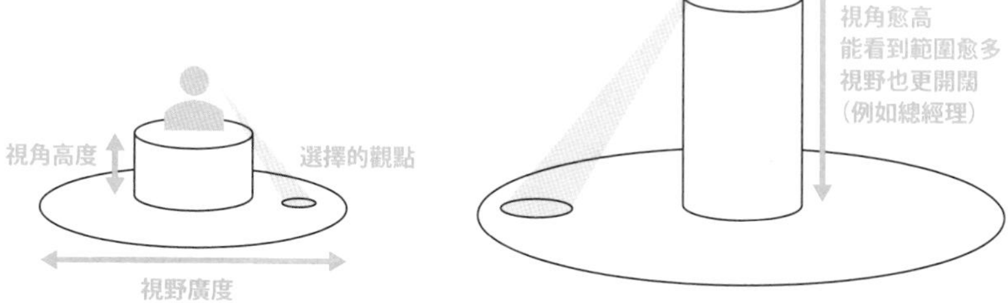

的立場，想像自己經營一個大規模的組織，思考顧客的課題，與未來整個業界和社會的潛在課題。

建議站在**比自己高兩個層級**的立場看事情，可以看見上司對自己的期望、爲了達成使命該如何行動，也會更容易與上司合作。如果是創業者，不要只站在自家公司的立場，提高一個層級，從業界的角度思考後，還可以再提高一個層級，關注社會課題與社會理想，從而看見自家公司的發展方向。

提高視角也能**擴大我們觀察整個系統的範圍**。當我們將自己的工作視爲系統中的一部分，就能看見與自己工作直接相關的事物、周遭其他事物，以及彼此之間的關聯。以基層人員來說，不僅要掌握團隊的任務，也要了解與其他團隊的聯繫，以及團隊在整個系統中的定位。站在主管的立場觀察基層狀況，也能拓展自己觀察整體系統的範圍。

另一個提高視角的方法是**與視角較高的人對話**。

擴大觀察對象的系統範圍

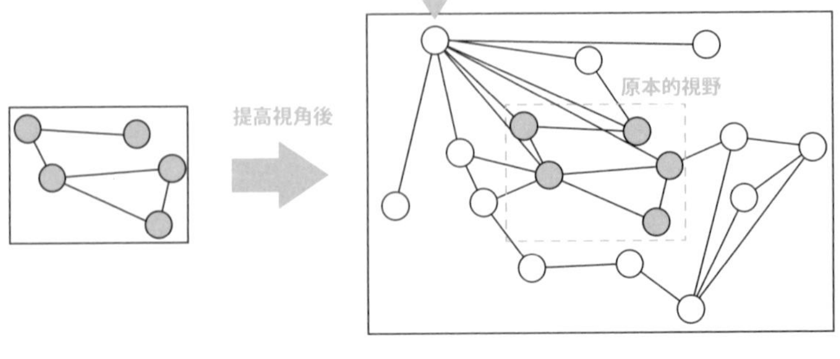

我所知的新創公司經營者，都會定期拜訪比自己視角更高的經營者、投資人或導師，或參加創業者社群交流意見，以各種方法維持自己的視角高度。一名經營者再優秀，若缺少外來刺激，視角也會自然而然降低。

話雖如此，若提高視角時誤判觀察方向，恐導致最後採取的行動完全離題，所以務必留意自己的觀察方向。為找出正確的方向，不妨參考視角較高者的目光，長遠思考（關於長遠思考，詳見第六章從「時間」觀點提高解決方案解析度），並時時確認自己身邊狀況，頻頻自問自答，持續調整觀察方向。

● 站在對方的立場

無論你是不是上位者，站在對方的立場思考都是變換視角的好方法。

「設計思考」就是在促使我們變換視角，改從顧客的角度思考。換位思考需要的是「同理」，包含情感面的同理與認知面的同理。情感面的同理，也就是體察別人的情緒、感受；認知面的同理，則是站在對方的價值觀或處境思考，理解對方的狀況。兩種共鳴雙管齊下，有助於我們從對方的角度看待事情。

例如，**當潛在顧客覺得「這些步驟很麻煩」時，我們可以在情感面同理，並透過**

認知面的同理，思考為什麼會發生這種狀況。站在對方的立場，可以看見之前沒發現的事情，例如顧客面臨什麼問題、會對什麼樣的訊息心動，或是發現某些更容易說服上司的資訊。

構思產品或服務時，不妨問自己：「我自己會想用這產品嗎？」出乎意料的是，很多人會設計出不符合課題的產品或服務，連他們自己也不想用。「深度」一章提過的實地勘察也能達到換位思考的效果，或許還能碰上一些自己從未想過的資訊，進而擴大視野。

試著站在評估方的立場思考也是一種做法。如果你考慮創業，不妨站在投資人的角度評估自家公司和其他新創公司，認真評論一番，便能逐漸察覺構成好課題的要素。

站在競爭對手的立場思考也很有效。想一想競爭對手為了擊敗你的產品，會如何宣傳他們的產品，這麼一來，就能察覺自家產品的弱點和必須處理的課題。

其他轉換視角的方法如「紅隊演練」[1]和「魔鬼代言

人」，則是故意站在相反立場提出批判性意見，並從中發現新知。

英文以「穿上別人的鞋子」來比喻換位思考，我鼓勵各位積極穿上別人的鞋子，藉此獲得新觀點與新體驗。與顧客並肩而行，腳踏實地，就能看見較高的視角下無法發現的課題細節。

● 站在未來的角度

站在未來的角度看現在，也能獲得不同的視野和觀點。有一種方法稱作**「回溯分析法」，先設定未來的理想模樣，再回推思考目前應該做什麼**。

還有一種方法稱作**「事前驗屍法」**[2]，即事先清查潛在風險，防範未然，比如思考：**「假如半年後這專案以慘敗收場，原因是什麼？」**

想像未來成功模樣的「預先慶祝法」，也是一種站在未來角度的換位思考法。比如辦活動時，想像人山人海的盛況，就可以提前限制入場人數，避免運營能力無法負荷，樂極生悲。

另外，站在未來不同的時間點，也會看見不同的事情。有一種提問方式能幫助我們站在不同的時間點看待事情，稱作**「10・10・10」**[3]，**決策時先想像該決策在十分鐘

後、十個月後、十年後會得到什麼結果，藉此從不同時間點的視角思考。

像這樣改變空間與時間的視角，就有機會看見不同的課題。以創業者來說，從使命回溯分析，可以察覺當前事業與使命之間仍存在許多需達成的事項，從而意識到目前應處理的課題。拓展新事業時，採取事前驗屍法或預先慶祝法，也有機會察覺目前集中處理的課題之外其他應解決的課題。在決定要解決的課題之前，不妨稍微停下腳步，運用「10．10．10」的概念審視自己的決策。像這樣改變時間視角，就能以更寬廣的觀點看待課題。

● 區分使用的鏡頭

前面說過，掌握愈多詞彙與概念，我們看到的世界就愈細緻。而了解更多概念，也能提高「廣度」觀點的解析度。一套觀念或假說經過充分驗證爲眞之後，便稱作理論。其實我們在日常生活中，也會用理論來理解現象。

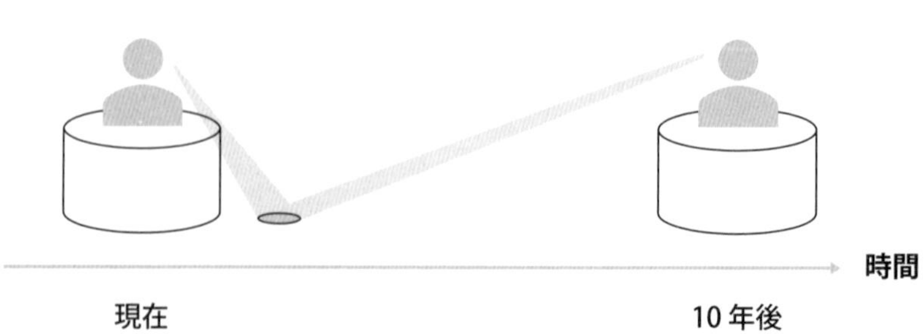

例如我們在物理課上，以物理學的「理論」解釋「眼前有空氣」這項「事實」，從而打開了視野與認知。我們在學習理論之前，可能根本不曾注意過空氣，然而學習理論，了解「空氣」的概念之後，便相信肉眼看不見的空氣確實存在，生活中也會意識到空氣。

政治學上以「鏡頭」來形容看待事物的思維。我們平時就會透過不同的鏡頭看世界，理論也是其中之一。**若擁有多種鏡頭，就能視情況更換鏡頭，改變映入眼簾的景象**。

以觀察街上的汽車爲例，若透過商業鏡頭觀察，便會看見汽車是如何生產與銷售等面向。商業鏡頭又可以分成「關注汽車周邊商機」的鏡頭或「關注成本」的鏡頭，用不同的鏡頭觀察同一輛車，得到的資訊也不一樣。若透過「物理學」的鏡頭觀察，則會去思考汽車運作的機制；若採用「社會學」的鏡頭，便會思考汽車引發了哪些社會變革；若採用「環境學」的鏡頭，則能探討汽車對環境造成的影響。擁有多種鏡頭，適時切換，就能理解事物的各種面向。反過來說，只會用一個鏡頭看待事物的人，往往視野也比較狹窄。

理論也是一種鏡頭。商業理論分成很多種，有管理學等經過驗證的扎實理論，也有「個人理論」「工作哲學」等由個人或團隊經驗累積而成的薄弱理論。全球性的顧問公司之所以強大，有一部分也是因爲累積了各行各業的最佳典範等薄弱理論與相關知識。了解理論，會更清楚鑽研課題時要調查的數據和現象，也能套用適合的最佳典範，提出符合客戶狀況的假設。即便不在顧問公司工作，了解管理學和其他公司的成功案例也能做到同樣的事情。

若了解多種理論（鏡頭），也懂得區分使用，便能從一項事實中發現許多可能的課題。

快速切換視角

優秀的創業者都懂得充分運用以上方法**快速切換各種視角**。

比方說，先將視角降到最低，實地勘察；再從用戶的視角體驗他們的感受，找出課題；然後切換成宏觀的視角，檢查課題是否普遍，是否具備市場潛力；接著轉換到競爭對手的視角，評估自家產品的強項與弱項；然後切換各種商業模式和經營理論的鏡頭，制定策略。若判斷是好策略，便站在未來的視角，研擬具體的行動計畫；若執行上有困難，則再回到微觀層面，重新探索其他的顧客課題，再從宏觀的視角思考課題是否具備市場潛力。**優秀的創業者就像這樣，快速切換宏觀市場與微觀課題的視角、使用者與競

爭對手的視角、未來與現在的視角，並且運用商業、物理、社會等鏡頭，驗證自己的假設，若發現不正確，也會立刻重新建立假設。

關鍵在於宏觀與微觀視角來回切換。有些人雖然在宏觀視角下能夠妥善分析，卻因爲缺乏微觀視角的經驗，無法掌握顧客的具體需求，以至於無法推出暢銷產品或事業。也有一些人雖然推出了產品、創造了事業，滿足了微觀層面的每一位客戶，但由於缺乏宏觀視角，只能在競爭激烈的小市場中苦鬥，或是只能走一步算一步，陷入無法進一步擴張事業的窘境。

我們也會用「蟲的觀點」「鳥的觀點」來形容不同的觀點，必須時而像小蟲一樣近距離細觀，時而像飛鳥一樣從高處俯瞰。看待事物的觀點不僅要多，還要懂得快速切換才行。

不過，我們也不必獨力做到這一切。據我觀察，**許多成功的新創公司都會安排團隊成員分擔視角**。有些人可以描繪出宏觀的大局，卻不擅長察覺微觀下的顧客問題；也有些人善於發現眼前顧客的問題並深得人心，卻不擅長站在宏觀的視角制定策略。充分發揮團隊成員的特長，相互配合，便能拓寬團隊的視野，提高解析度。

親身體驗

本章開頭提到，從「廣度」觀點提高解析度，必須循序漸進，平時就要努力拓展視野。我建議的方法是親身體驗，因爲**體驗可以帶來新發現、新觀點，以及對資訊的新詮釋**。現代資訊泛濫，許多人似乎追趕最新資訊就已經竭盡全力，輕忽了親身體驗的重要性。

我聽說很多日本企業的人到矽谷或中國視察最新零售服務或移動服務時，只是坐在辦公室與負責人談個話就走了，根本沒有親自體驗過那些服務。明明都到了當地，卻眞的只有「視」察。觀察當然很重要，但既然有機會，還是親身體驗，收穫會更多。某項新產品推出時，很多人也只是看看新聞，不會眞的試用。最近很多服務都有提供免費或折扣的試用期，但善用這些機會的人似乎也不多。反過來說，只要你願意付出行動，體驗一下，你的解析度就能明顯勝過他人。

模擬體驗也是打開視野的方法之一。比方說，即使自己沒有生小孩，也可以試著推嬰兒車在街上走走，這樣就能體會無障礙城市與一般城市之間的差異，還能察覺平時不會想到的問題。

松下電器創辦人松下幸之助曾說過「百聞百見，不如一次體驗」[4]。當然，過度倚重個人體驗也不好，但有些觀點確實無法只靠訪談和觀察就能得到，唯有親身體驗、拓展視野才會發現。好的體驗有助於我們察覺商機，即便是你覺得「沒什麼大不了」「沒那麼嚴重」的地方，也可能潛藏改善的空間。

以下談談兩種親身體驗的方法。

● 摸透競爭產品

我很意外，很多想創業的人竟然只聽過競爭對手，卻從未使用過他們的產品或服務。我建議各位**盡可能摸透競爭產品**，了解它所有的優缺點，這可以帶給你察覺潛在課題的新觀點。從事市場行銷的人，也可以積極體驗其他公司的促銷方案或參與實體活動，從中獲得啟發。

盡可能多嘗試體驗成本不高的軟體產品。如果你想開發應用程式，至少要試用過一百個應用程式，並一一記錄使用感想。尤其是具指標性的競爭產品和相關產品，一定要用得比任何人都熟，才會清楚知道對方的優缺點，以及自己要如何做出差異。二手交易平台Mercari的創業團隊在開發該平台之前，不僅試用過許多競爭產品，還邀請潛在用戶試用自家產品，甚至讓他們操作其他競爭產品，調查使用上有哪些困擾與疑惑，並將收穫回饋於自家產品[5]。

如果你發現某項競爭產品非常優秀，卻完全流行不起來，可能代表市場上根本不存在課題。如果你嘗試過所有競爭產品，仍覺得不滿意，可能代表有些課題尚未解決，而這正是商機所在。

持續體驗，是提高解析度並與競爭對手形成差異化的第一步。

● 透過旅行，邂逅新的關鍵字

旅行也是很棒的體驗。

現代人離不開網路，任何資訊都能信手拈來，甚至有人主張學習不再必要，因爲任何問題只要上網搜尋就能立刻找到答案。

搜尋引擎的確是名強大的戰友，然而《弱連結》[6]一書指出，我們也得知道關鍵字，才能搜尋想要的東西。**想了解未知的世界，就需要自己還不知道的關鍵字**。一旦獲得關鍵字，就能擴大搜尋範圍，並且接二連三發現更多關鍵字。

獲得關鍵字的最佳手段，就是旅行。置身不同的環境，與陌生人交談，與不熟悉的事物相遇，若碰上感興趣的事物，可以立刻搜尋資訊，或是先做個筆記，當下專心體驗，之後再搜尋。**到愈遙遠的地方旅行，愈有機會獲得新的關鍵字**，因爲物理上的距離和文化上的距離有一定的關聯。

稍微改變習慣，去平常不會去的地方，或走不一樣的路線回家，也是一種旅行。每天來點小旅行，體驗不同的事物，便有機會獲得提高解析度的線索。

與人交談

與人交談也是從「廣度」觀點提高解析度的有效手段。獲得他人的視野和自己缺乏的知識，也有助於換位思考，發現自己從未想過的創意。

前面談過資訊×思考×行動對於提高解析度的重要性。其中，若掌握獨家資訊，就能大幅提高解析度。獨家資訊通常**源自親身經歷或他人的分享**。我在「深度」一章已經說明過親身經歷取得的獨家資訊，所以不再贅述，這裡要講解何謂來自他人的資訊。

新聞報導之類的公開資訊任何人都找得到，但有些資訊只能透過你自己的人際網絡取得。世上找不到幾個人與你擁有完全相同的人脈，因此你必然能掌握不同於其他人的資訊，只要建立好的人脈，就能獲得好的資訊。

那麼，要如何建立好的人脈，蒐集獨家資訊？

關於這點，加入社群同樣是個好方法。前面談到，加入特定主題的社群是爲了「增加深度」，而這裡，加入社群則是爲了**拓展資訊管道**。

其中一個有效方法是**加入你身邊還沒有人加入的社群**，與擁有不同資訊的人打交道，接收更廣泛的資訊，就能打造獨一無二的資訊管道。以非英語國家的人來說，只要加入英語圈的社群就能獲得大量獨特的資訊。

建議各位多加入幾個社群。舉例來說，新創公司和非營利組織在「開創」方面性質相似，但彼此的交流機會並不多，所以只要參與這兩種領域的社群，就能獲得雙方的知識和竅門；同時接觸兩個原本沒有交流的領域，也有機會將過去沒有連結的資訊加以結合，衍生出新的機會，打開觀點與想法。此外，若能將其中一個社群內廣爲人知的實用資訊分享給另一個社群，還能促進兩社群交流新知，你也會成爲兩邊重要的交流中樞。

此外，**特定的地位或環境，也會增加與擁有獨家資訊的人交流的機會**。許多成功的新創公司總經理表示，他們成爲總經理後，接觸到的資訊也不同以往。這是當然的，就算只有二十個人的小公司，在與其他企業談合作時，大企業也是由總經理或相同地位的人出來接洽。此外，如果你從事創新性高的事業，也可能經常受邀參加政府單位的活動。如果公司經營成功，也會吸引其他成功公司的總經理聯絡。與這些人多多交談，就能獲得更高視角的資訊。

即使不是公司總經理，也可以在個人部落格發表文章，或在社群活動中演講，提升知名度，建立自己的地位，這樣你交流的人與接收的資訊也會隨之改變。除了自己建立地位，若接到不錯的合作機會，也應該勇敢把握。

與人交談的價值不只是獲得資訊，聽別人說話，也能**改變自己關注的對象，看見資訊的不同面向**。當你聽說朋友對某個新領域感興趣，或聽到一個有意思的關鍵字，你平常看新聞時也會開始留意那個關鍵字。那個關鍵字其實一直都在，只是你聽到別人提起才開始留意，如此一來，即使每天接觸相同的資訊來源，也會有不同的資訊進入腦海。

與人交談還可以獲得多元的觀點。前面介紹過幾種換位思考的方法，而最簡單的做法，就是**獲得他人視角的意見**。來自他人視角的意見，經常能幫助我們拓展視野和觀點。前面提過，若不參與社群，便無法鑽研事物更深層的部分；同樣道理，若缺乏對話，要多元思考幾乎是不可能的。

一旦開始追求效率，便很容易輕忽與人交談和親身體驗的重要性，減少獲得意外資訊和觀點的機會，眼界也會變得狹隘。然而，光是與人聊天，也無助於深入思考，所以**拓展視野的過程，必須妥善分配投入「與人交談」和「親身體驗」的時間和資源，才能將中長期的生產力最大化**。我建議**撥出兩成的個人時間持續探索，與不同的人交談，體驗不同的事物**。

比起「深度」，「廣度」更需要平時腳踏實地的累積才能有所提升。深度有時會突然打通，但廣度只能慢慢拓展。親身經歷、與人交流都需要花時間，但反過來說，只要耐心累積，就有機會達到其他人望塵莫及的境界。

僅憑一己之力能拓展的廣度有限，因此請善加利用他人與環境。

重新決定要鑽研的部分

從廣度觀點提高解析度之後，就能看見更多選項，這時我們得**重新決定要鑽研其中的哪個部分**。

視野愈寬，看到的選項愈多，選擇自然也更加困難。選擇雖然只是一瞬間的事，實際做起來並不容易，畢竟我們不會一開始就知道哪個選項好，甚至無從判斷好的選項是否已經出現，會不會所有選項都行不通，還需要繼續拓展廣度。由於選擇實在不容易，很多人到最後便訴諸直覺。

「決定不做哪些事情」也是一種策略。選擇要鑽研的事物，也是在選擇要放棄某些選項。但這麼多選項，該如何取捨？

首先，請動員自己所有的知識。基本上，我們對各個選項和選項衍生的結果不可能一無所知，總有一些知識或資訊能幫助我們判斷「哪個選項似乎值得進一步鑽研」，或以前嘗試過某個選項，所以知道「這個選項可以達到一定的深度」。請**發揮自身知識，找出值得深入探討的領域**。

這種時候，多了解其他領域或其他公司的案例也很有幫助。若對許多案例都有一定深度的了解，自然有辦法推測哪個選項較有機會深入探討。此外，了解其他類似領域，也能藉由類推來決定自己要鑽研的部分。打個比方，當你聽過第一章改良醬油瓶的案例，就會知道問題可能不在產品本身，而是包裝還有改進空間，便有機會想到包裝方面的新選項。

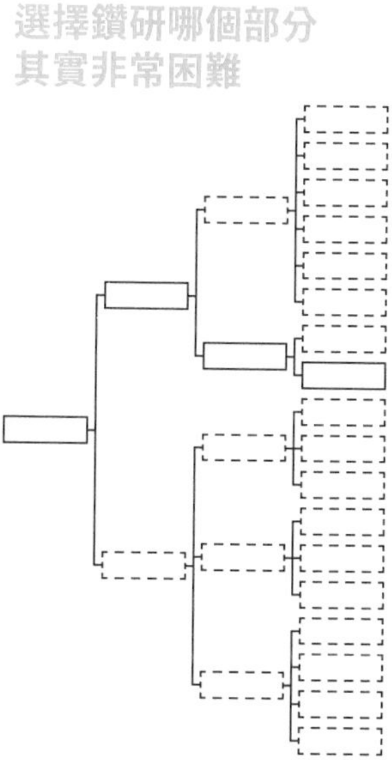

有些人認爲這樣的類推是靠直覺和品味，然而，「品味，從知識開始」[7]，擁有愈多知識，愈容易進行類推。不過，粗淺的知識並不管用，還是需要有一定深度的知識才行。

對某個領域愈陌生，**尋求他人意見**的效益就愈大。各領域的專家大多已經將資訊結構化，也確切知道哪些部分具有潛力，我們可以閱讀專家的著作，或透過影音媒體取得資訊（前面說過，影音形式更容易掌握重點），藉此思考要鑽研哪個部分。此外，進行訪談，聆聽客戶的聲音也是不錯的方法。訪談的成本效益比很高，擁有一定廣度之後，再透過訪談取得資訊，判斷接下來要鑽研哪個部分。**即使訪談次數不多，只要發現好幾個人都提到相同的事情，那可能就是值得深入挖掘的地方。如果這些人還是來自同一個業界，那可能性又更高了。**

接下來要**評估可行性**。如果課題鑽研到最後，卻發現無法解決，那也是白搭，所以必須先簡單推算可行性。假設你正在摸索創業的點子，並以年營收一百億日圓爲條件之一，可能的選項包含將單價一億日圓的商品賣給一百家公司，或將單價一萬日圓的商品賣給一百萬人。如果你選擇賣單價一萬日圓的商品，考量到成本，可能無法雇用業務員，主要得靠行銷來增加營業額；接著再思考，光靠行銷賣不賣得動商品，就能大致了解這個選項是否可行。像這樣簡單推算並檢驗可行性，我們就能夠判斷是否要深入某個選項，還是該另尋出路。思考與檢驗可行性也需要具備一些知識，例如要知道新創公司通常以年營收一百億日圓爲目標，還有成本等市場行情的觀念等等。

最後，**也要考慮每個選項的優點**。如果只考慮可行性，我們容易穩健行事，迴避挑戰大課題。如果只看缺點和風險，我們很容易打退堂鼓；但要察覺選項的優點，並做出正確的評估與想像，其實非常困難。

假設有一個一百分的選項和一個一萬分的選項，一百分的選項可行性有八〇%，一萬分的選項可行性只有五%，兩者的期望值分別爲八十分和五百分，既然如此，即使可行性較低，也應該選擇一萬分的選項。在決定要鑽研的部分時，除非隱憂眞的太多，否則請充分考量每個選項的優點。

很多創業者之所以不擅長做這種選擇，是因為對該領域或行業的了解不夠充分。儘管有時候過多的背景知識容易使人受限於現有條件，只能做出符合常識的判斷，誤以爲標新立異的選項是不可能的，但這種狀況其實很罕見，建議一開始創業時，還是先充實相關知識。

思考要進一步鑽研哪個選項時，也需要考量結構。正確掌握結構，才能看清哪個選項更重要。接下來，我會講解如何掌握結構。

課題的「廣度」總結

□質疑前提。習慣零基思考，準備幾種常用提問公式。

□改變觀點。稍微提高看事情的視角，或站在對方的立場、站在未來的角度思考，並快速切換宏觀與微觀等不同觀點。

□親身體驗。實際使用競爭產品，出門旅行蒐集新的關鍵字。

□與人交談。尋求打擊率低，但有可能擊出全壘打的資訊，提高解析度。

□「廣度」拓展到一定程度後，可以重新決定要鑽研的部分。為此，請先蒐集相關知識和案例。

從「結構」觀點提高課題解析度

從「廣度」的觀點提高解析度之後，會看見各種課題的可能性，但若缺乏「結構」的觀點，便無從得知解決哪個課題才能產生最大價值。而且，單獨觀察各個課題也無法掌握問題的全貌。課題之間的連結、形成的結構，都會影響課題的優先順序。必須將資訊整理出一定的結構，才能鑽研至更深層的部分。

有些創業團隊雖然勤跑現場，努力提高「深度」和「廣度」觀點的解析度，仍無法獲得洞見，**這往往是因為沒有將獲得的資訊結構化。若缺乏好的結構，即便獲得獨特的第一手資訊，理解也只會停留在表面，無法產生有價值的洞見。**

要釐清結構，**首先要將混成一團的事物「分解」成不同要素，接著「比較」各個要素，建立要素之間的「連結」，同時「省略」不重要的部分，如此才能全面理解資訊的意義。**這一節會講解結構化的四個思考步驟：**「分解」「比較」「連結」「省略」**，以及促進這些思考的行動和資訊蒐集技巧。

將從「深度」與「廣度」發現的要素分類，
梳理之間的關聯與輕重緩急。

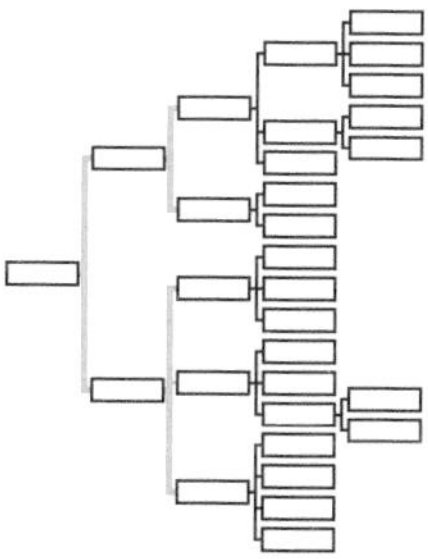

分解

掌握結構的第一步是「分解」，也就是將混成一團的現象妥善拆解成不同要素，分別了解每項要素。事物經過分解，看起來才會條理分明。例如，按縣市分解客戶，就能知道哪個地區的客戶較常購買自家產品，或許還會發現溫暖地區賣得比較好，寒冷地區賣得比較差之類的狀況。這就是用地區分解現象，加深我們對銷售狀況的理解。

這件事很多人常做，但不代表單純分解事物就有辦法查明原因，比方說，按姓氏分解客戶，並無法從中獲得任何洞見。適當的切入點，才能帶來有意義的資訊。接下來就來解釋「分解」的技巧。

● 慎選切入點

本書多次提及的樹狀圖就是分解課題的基本方法之一[8]，將一項要素分成多項子要素，並畫成開枝散葉的樹狀圖，就能釐清各項要素之間的關係，進一步深入鑽研。

繪製樹狀圖時，最重要的是「選擇適當的切入點」。**若切入點選擇不當，即使分解出各種要素，也可能無法繼續往下深掘，或難以進行比較，而無法得到有意義的洞見。**

以分析用電狀況爲例，如果以「電力用途」作爲切入點，分解出來的要素可能是「空調」「運輸」等；如果以「用電地區」作爲切入點，分解出來的要素可能是「商業區」「住宅區」等，而得知「山區」幾乎沒有人用電。就像這樣，切入點的選擇會影響我們的發現。

切入點的順序也很重要，沿用上述例子，先以「電力用途」作爲切入點，然後區分「用電地區」，就能得知「哪些地區使用空調」。但如果先以「用電地區」作爲切入點，結論可能就變成「住宅區的電力主要用於熱水器，商業區的電力主要用於空調」。

再以營業額爲例，以「年齡層」作爲切入點，分解美容院各個年齡層的營業額，有助於思考應該吸引哪個年齡層的客人上門。切入點也可以換成「剪髮」「染髮」等服務，也有助於洞察應該全力提升哪項服務的營業額。

選擇切入點時應遵守MECE（Mutually Exclusive and Collectively Exhaustive），意思是「彼此獨立，互無遺漏」。

任何物事都能分解成許多要素，但分解方式不當，恐會遺漏重要要素或重複採計要素，甚至兩種情況同時發生。這是理所當然的，但人們常常忽略這一點，因此許多策略顧問撰寫思考術書籍時都會提到MECE的概念。

不過，現實問題不見得能依MECE完美分解，比方說，各位閱讀本書的原因可能是「上司要求」「想獲得升職」「對解析度感興趣」「想變聰明」等等，這些原因都有重疊的部分，但如果統整成一個原因，還是會有遺漏，畢竟人的情感很難完美分解。儘管MECE無法適用於所有情況，但仍是一套有效檢驗思考漏洞的處方。

策略理論的3C（Customer顧客、Competitor競爭者、Company公司）、行銷的4P（Product產品、Place地點、Price價格、Promotion促銷）、分析大環境的PEST（Politics政治、Economy經濟、Society社會、Technology科技），以及整理商業構想的「商業模式圖」或「精實畫布」等框架，都可以當作分解的切入點。這些框架可以幫助我們轉換觀點，避免疏漏。而且團隊統一使用一種切入點，還可以增進成員對現象的共同理解。

但也不能過度依賴框架，誤信自己解析度已經

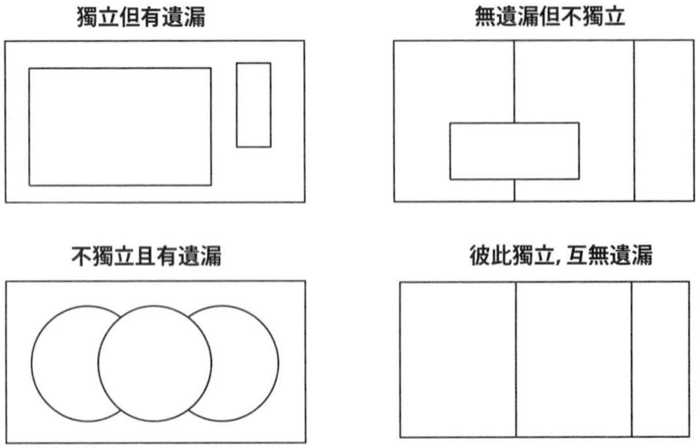

提升，而忽略了眞正重要的事。框架是一把雙刃劍，固然方便，但也只能提供最低限度的切入點，無法幫助我們洞察新知。

想獲得洞見，就不能依賴框架，應努力尋找獨特的切入點。這說起來簡單，做起來卻相當困難，但有個小技巧：**調查現有案例的切入點，挪用於自己面對的領域**。因此，我們平常就要留心各種範例，觀察「別人是從什麼切入點分解問題」。

舉個例子，以商務人士爲對象的社群網站LinkedIn，其核心功能在於尋找人才，因此將KPI設定爲「用戶個人資料頁面的瀏覽次數」。一般在設定KPI時，可能會設定爲網站的總瀏覽次數，不過LinkedIn卻仔細挑選切入點，進一步分解總瀏覽次數，找出對他們的服務來說最重要和相對不重要的部分，並致力於提高重點數據，也就是個人資料頁面的瀏覽次數，因此創立初期才能發展順利。

鼓勵各位向商業上的前輩和專家學習他們切入、分解、理解事物的方式。某些領域，例如數據科學，可能還需要專業工具，這種工具就好比廚師專門用來切生魚片的菜刀，所以除了注意切入的角度，也請留意切入的工具，學習那些工具的使用方法。

想將事物可以分解到多細都不成問題，但分解過頭也會造成問題，舉例來說，分析顧客居住地區時，我們可以從縣市一路分解到詳細地址，但假如目的是判斷「要在哪個地區播廣告」，就不需要地址這麼細的資訊。

但是對郵務和貨運來說，地址就是必要資訊。而以無人機快遞來說，僅憑地址還不足以將包裹送到指定房號，還需要以平方公尺為單位的精準空間資訊，因此，一家名為what3words的新創公司，便將全球空間劃分為邊長三公尺的立方體，並使用三個單詞組成的編號定義每個方格，提供精準定位服務。有了這項服務，就能更準確指定無人機的起降地點，即使是大規模公園這種只有一個地址、占地卻很大的地方，也能精準標示位置。分解時**應配合目的，細分至足以採取適當行動的程度即可**，不同的業務、不同的目標和不同的最終行動，適合的單位都不一樣。

舉例來說，如果只有「營業額太低」這樣一個大課題，也看不出該採取什麼行動。假設你是速食店的員工，店長要你想辦法提高營業額，你可能會先想到要吸引更多客人上門，於是在店門口大聲攬客。但如果從「顧客數」和「客單價」的切入點分解營業額，並按金額區分「客單價」，再依「購買產品」分解客單價的顧客，或許就會發現「客單價的顧客通常會同時購買薯條和飲料，可能是吃薯條容易口渴，所以會點飲料」。如此一來，或許就能考慮降低薯條價格，誘使客人選購利潤較高的飲料。

必須具備解決方案和技術方面的知識，才能將課題分解成可行方案。即使你靈光一閃，打算開發一款提醒使用者怎麼做更省錢的應用程式，若你從未開發過應用程式，也不知道該從何著手，甚至無法分解開發應用程式要面對的課題。又好比說，你訂下十年內致富的個人目標，卻不懂賺錢的方法，便無法想像致富的過程，也無法付諸行動。

如果你自覺無法妥善分解事物，請先學習相關知識。分解看似簡單，實則複雜，非常講求知識和經驗。話雖如此，我們也可以透過學習和練習提升這項技能，因此，如果發現擅長設定切入點的人，不妨模仿對方的思維，精進自己的能力。

比較

當你將課題「分解」成不同要素後，接著要「比較」各項要素，進一步釐清「結構」。經常有人將「分析」和「分解」混爲一談，但分析眞正的意涵是**「分解後比較，並從中尋找意義」**。未經比較，不能稱作分析。

前面我以按縣市分解產品營業額爲例，發現溫暖地區賣得好，寒冷地區賣得差等情況，這裡就比較了暖暖地區和寒冷地區的差異。如果沒有比較，只是單純「提出各縣市的營業額數據」並不算分析。經過比較，才能發現意義。

也只有經過比較，才能從課題分解的樹狀圖中，挑出要深入鑽研的部分。

所謂比較，即辨別兩件以上事物的相同與不同之處。例如比較兩顆蘋果，可以關注這兩顆蘋果顏色、形狀的異同，熟悉之後，搞不好光憑外觀就能分辨蘋果是否好吃，甚至看出蘋果是否生病。

我們在判斷事業重點和應該集中投資的部分時，自然會進行「比較」，不過還是有一些技巧可以讓比較發揮更大效益。

開始進行比較之前，必須先讓比較對象「可以比較」，以下我們先從這些準備開始談起。

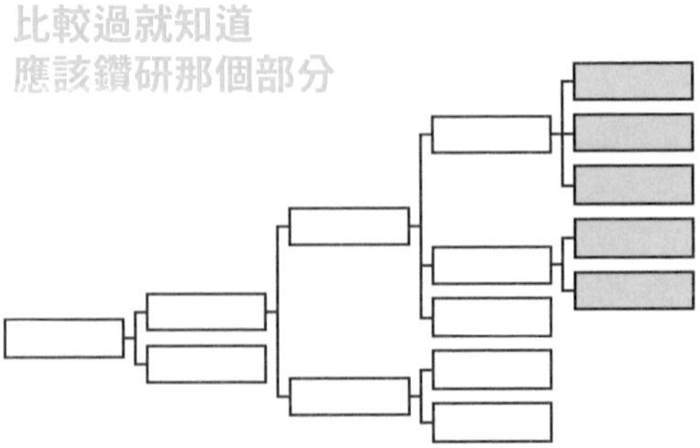

事物必須在**相同抽象度下才有辦法進行比較**。

這時必須運用抽象化的技巧。抽象化是指挑選事物應該關注的特徵、要素、規則等，只探討該部分，暫時忽略其他部分。

例如商業模式就是將商業中特定部分抽象化，忽略具體的產品或內容，關注金流或利害關係人的關係，藉此掌握某項商業的結構。這麼一來，我們就能先擱置商品問題，只比較不同商業模式的優劣，甚至還能將其他領域的優秀商業模式套用到自己的領域。

我們還可以將商業模式進一步抽象化，依彼此的共同點分類。例如，共享經濟的共同點是「使用者相互分享」；而不管是電視廣告、網路廣告，還是文字廣告，廣告業的共同點是「用廣告賺錢」。有時觀察個別案例可能看不出個所以然，但透過分類就有機會發現每個事業類別的特徵。

將事物抽象化助於比較，但同時也會失去具體性和眞實感。此外，也必須愼選特徵，若以不恰當的特徵進行抽象化，只會得到毫無意義的結果。

抽象度愈低，具體性就愈高。相對於關注共享經濟這個大類別，關注個別事業內容、關鍵人物與其個性、經歷，了解一家企業的競爭優勢，則屬於具體性高的觀點。以產品來說，關注應用程式按鍵的顏色和大小，也屬於具體性高的觀點。東西愈具體，討論的項目就愈明確，也較難歸納成普遍的道理。

比較對象的抽象度必須相近，我們可以比較「共享經濟」和「廣告業」的特徵，因爲兩種商業模式的抽象度大致相同。但「共享經濟」和「Google」就很難進行有意義的比較，因爲一邊是商業模式，一邊是特定公司。再舉個更清楚的例子，開發應用程式時，要比較「操作便利性」和「匯款功能」孰輕孰重，恐怕很難判斷。因爲「操作便利性」屬於整體層面，包含按鍵清不清楚、教學好不好懂等多種要素，抽象度較高；「匯款功能」則屬於功能層面，具體性較高。假如比較時碰到困難，可以嘗試提高比較對象的抽象度，或反過來考慮一些具體範例。

確認比較對象的抽象度時，可以看它們是否屬於相同類別。假設有人問你「想點咖哩還是星冰樂」，聽起來似乎挺奇怪的，因爲比較對象屬於不同類別，一個是食物，一個是飲料。但如果問題改成「想點咖哩還是牛肉燴飯」就很好回答，因爲比較對象的類別大致相同。

判斷類別是否相同的標準，取決於比較目的。如果我們目的不只是選擇午餐，而是「白天攝取的熱量要控制在七百大卡以下」，在這種情況下，「想點咖哩還是星冰樂」的比較便有了意義，因爲咖哩和星冰樂都屬於熱量略低於七百大卡的飲食選項，而你要從中做出選擇。

數值化也是針對事物特定方面進行抽象化的方法，例如身高、體重，就是將人的某些面向轉換成可以比較的數字。針對每顆蘋果的美味度，可以比較糖度。糖度是將蘋果中的蔗糖含量數值化，也可以比較蘋果與香蕉、橘子等其他水果的甜度差異。而且有了數字，也容易進行計算。數值化是結構化最可靠的幫手，擅長結構化的人，通常也擅長面對數字。

比較數字時務必留意一件事：數值的含義，取決於數值化的觀點。舉例來說，糖度只是就甜味成分之一的「蔗糖」進行數值化，並不能完全代表甜味；更何況，甜味也不能代表美味，如果將糖度與美味畫上等號，問題可就大了。

此外，數值化的方式也會影響數值的用途。資料可依性質分爲質的資料與量的資料；質的資料可再分爲名目尺度、順序尺度，量的資料則可再分爲區間尺度和比例尺度。例如在滿意度調查中，可能會使用「一、差；二、普通；三、好」，這屬於順序尺度，雖然是數值，但不代表選三的人比選一的人滿意度多三倍。請留意自己處理的資料類型，善用數字進行比較。

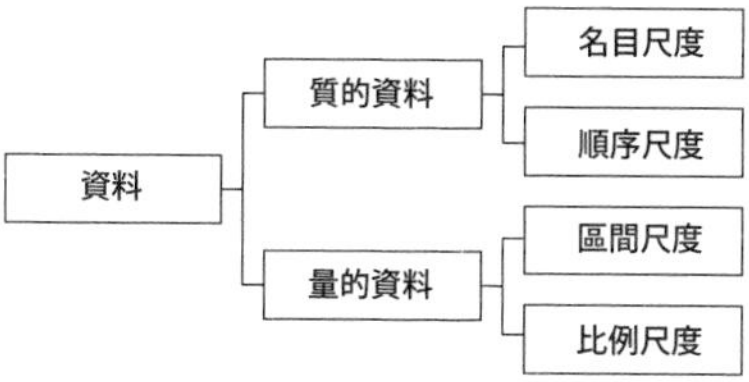

計算	説明	範例
是否相等	次序無意義， 單純分類	血型、天氣 性別、學歷
誰大誰小	次序有意義， 距離無意義	滿意度、 排名
間隔或差異 是否相等	距離有意義	氣溫
比例是否相等	以0為原點， 距離與比例皆有意義	身高、體重 價格

● 比較大小

統一比較對象的抽象度後，事前準備就完成了。比較的基本是**看大小**，例如，市場規模大小，是我們決定投入哪個市場的重要判斷標準。如果已經存在顧客，也可以將顧客分類，比較各個類別的大小；或是比較不同產品的營業額大小。

建議從規模較大的課題開始著手。假設某產品的營業額是一百億日圓，營業額提高一%，便能多帶來一億日圓；假如營業額是十億日圓，要增加一億日圓，則需要成長一〇%。通常情況下，提高營業額一百億日圓的一%會比較容易。

削減成本時，原則上也會從成本大的地方著手。舉個例子，日本政府宣布碳中和目標，將在二〇五〇年之前達成溫室氣體排放量歸零。「碳中和」的意思是溫室氣體的「排放量」減去造林和森林管理等行動產生的「吸收量」，計算後爲零。目前全球溫室氣體年排放量換算下來相當於五一〇億噸的二氧化碳，下表是各排放來源的占比。日本政府便是從排放量大的地方開始著手，針對碳排放量占三十一%的製造相關產業與二十七%的用電相關發電產業提供產業轉型補助。

除了量的大小，也可以比較成長率等比率的大小。尤其新創公司或新事業負責人，不能單看現有市場的大小，還要觀察市場的成長率，鎖定成長率高的領域。假設某個市場每年成長兩倍，十年後市場規模將擴張至一〇二四倍，倘若成長潛力如此龐大，即使現在市場規模還小也值得投入。同樣的，對於自家產品也應該投入較多資源在成長率較高的產品。

比較的第一步，就是想這樣關注彼此的「大小」。

● 比較權重

接下來要比較的是權重。**「權重」指某項目對整體的影響程度**。假設我們將營業額分解成客單價×顧客數×購買頻率，並進一步將顧客數分解爲新客、舊客，而現在的目標是要擴大營業額，那麼應該提高哪項數值？這種時候就要比較「權重」，觀察什麼對營業額的影響最大。

正如著名的八二法則，八〇%的結果來自二〇%的原因，那些**值得解決的重要課題通常只占整體的二至三**

人類活動造成的溫室氣體排放量

製造（水泥、鋼鐵、塑膠）	31%
用電（電力）	27%
栽種、養殖（植物、動物）	19%
運輸（飛機、貨車、貨船）	16%
冷暖設備（暖氣、冷氣、冰箱）	7%

成。這些權重較大的因素也稱作槓桿點、業務驅動因子，代表一旦變動就會大幅影響營業額等重要指標的變因。

以先前提到的碳中和爲例，用電問題之於溫室氣體排放量的影響，無論從規模面還是權重面來看都是重大課題，只要解決用電問題，就有可能連鎖解決其他問題。如果有大量無碳低廉的電力，搭配電動車，就能大幅減少運輸方面排放的溫室氣體；生產鋼鐵時，也可能用電力取代煤炭；而主要營運成本在於電費的植物工廠，也能降低營運成本，解決一定程度的糧食問題。

顧客通常面臨許多課題，每個課題的權重不同，他們眞正感到困擾且迫切的（燃眉之急），就是對他們來說權重特別

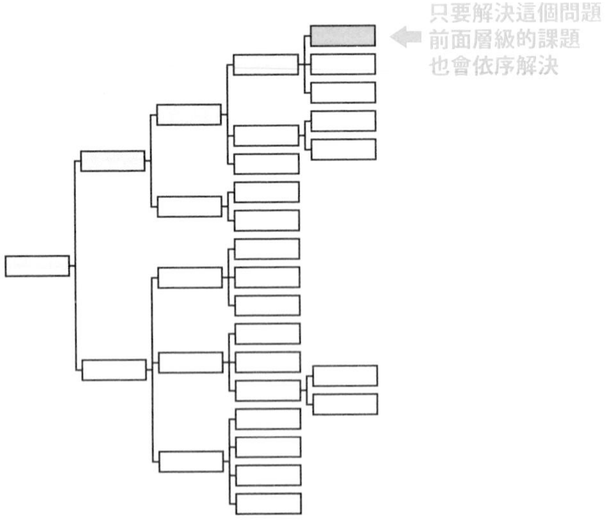
只要解決這個問題
前面層級的課題
也會依序解決

大的課題。新創公司在創業時，必須考量各種課題的權重與時間因素，**找出顧客的燃眉之急並加以解決**，如此一來，其他課題，乃至最大的問題也會迎刃而解。

分析顧客課題的過程中會冒出各式各樣的小課題，請務必掌握整體結構，從中挑出權重特別大的課題加以解決。

● 將資料視覺化以便比較

比較對象愈多，資訊量就愈大，比較起來也更加困難，這時，**視覺化**就是個好辦法。

比如**將數據畫成圖表，數據間的差異和關聯會更明顯，更容易看出意義**。**畫成長條圖，有助於比較大小或數量；畫成圓餅圖或堆疊長條圖，有助於比較結構比或百分比；折線圖有助於觀察數據隨時間的增減**。

與競爭對手比較時，畫出縱橫兩軸的座標圖，比較起來會更清楚。要注意兩軸參數必須互不相關，舉例來說，「米價高低」和「米的味道（品質好壞）」基本是相關的，所以若以這兩個參數爲兩軸，放上各個品種，也看不出個所以然。但若以互不相關的「甜度」和「口感（軟硬）」兩軸，就有機會從中找到偏好的口味和理想的口感。

與競爭對手比較時，列出產品功能○×比較表也很方便。兩軸座標圖最多只能設定兩個評估項目，但畫成表格，評估項目就可以更多。一般來說，表格的「列」會擺產品，「行」會擺功能，**行數多寡，取決於你的解析度高低，因為行數即代表你擁有多少評比項目**。想製作出更好的表格，思考評比觀點時，**別光列出功能，務必考慮到這些因素在顧客心目中的價值**。以米為例，比較項目不是只有味道，可能還包含「冷掉也好吃（適合帶便當）」「可長期保存」「適合做咖哩」「熱量低」等等。評比觀點有無窮的可能，重要的是站在顧客的角度設定項目。

此外，也要注意比較項目的擺放順序，對目標客群優先順序較高的放上方，較低的放下方，如此也能確認自己對於特定客群的理解度。如果自家產品在上方的項目就輸給競爭對手，也能馬上知道自己必須重新構思產品或目標客群。

另一個要注意的是，顧客心中的優先順序也會隨著情況改變，比如早上趕時間的情況下，「方便料理」「便宜」可能更重要，因此順位較高；但與重要的人吃飯時，可能「味道」的順位會更高一些，「方便料理」就沒那麼重要。因此製作表格時，務必考量到顧客的處境。

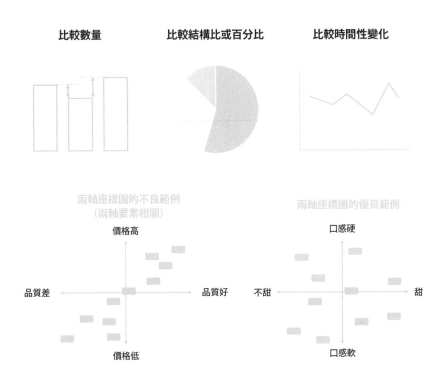

比較數量

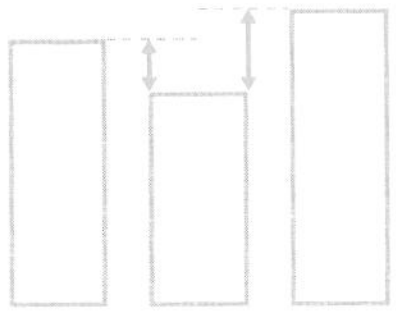

比較結構比或百分比

比較時間性變化

兩軸座標圖的不良範例
（兩軸要素相關）

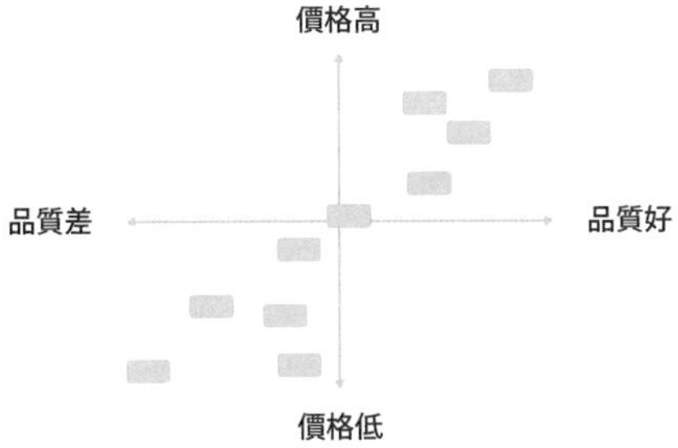

兩軸座標圖的優良範例

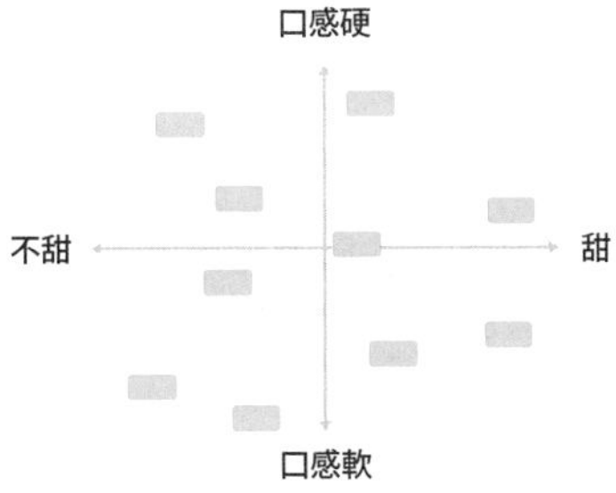

製表比較

顧客認為重要的擺上面 ↑

比較項目	自家產品	競爭對手1	競爭對手2
便宜	○	○	△
冷掉也好吃	○	△	×
可長期保存	○	○	×
熱騰騰的比較好吃	△	○	○
熱量較低	△	×	○
適合配咖哩	×	△	○
取得方便	×	△	○

顧客認為不重要的擺下面 ↓

・重新審視分解方法

分解時選擇的切入點，會影響後續比較與推論是否順利，所以若比較上有困難，或無法從比較結果得出結論，建議先回到「分解」的步驟。

分解與比較關係密切，前面我也將分析定義爲「分解後再比較」。如果分析過程不順利，不妨**來回分解、比較，摸索更好的結構**。

・使用精密分析方法

我也想提一下學習分析方法的重要性。定量分析和定性分析各有不同的方法，如果想要「精準比較」，最好使用精密分析方法，例如統計學方法，或研究上使用的隨機對照試驗等

切入點不同，要素之間難以比較

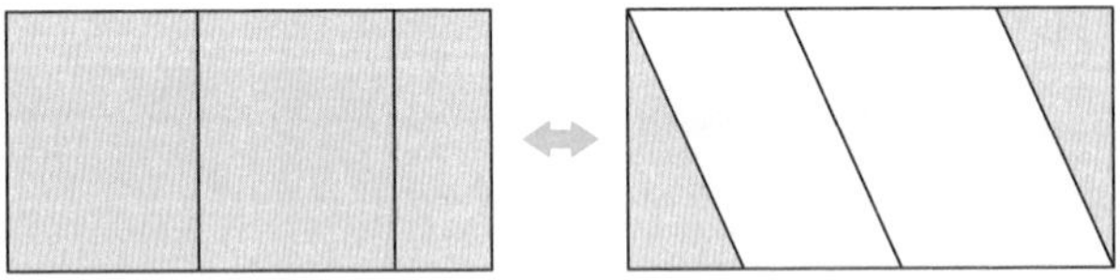

切入點相近，要素之間容易比較

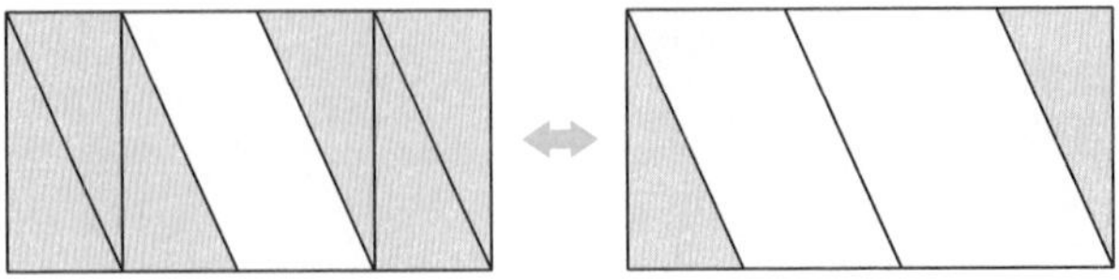

分析方法，以掌握新的比較觀點與方法。

要學習哪種程度的方法取決於個人，但如果你想以分析能力作爲自己的武器，可以考慮每年學習一種新的分析方法。

連結

「分解」與「比較」事物時，還必須建立事物之間的「連結」。

前面已經講解如何利用分解和比較來掌握課題結構，但如果將事物分解過頭，要素變得太瑣碎，將難以從中獲得洞見，因此我們要將細分出來的要素以某些共同的特性「連結」起來，以便進行比較，察覺新的結構與洞見。事物經過分解再重新建立連結，會更容易進行比較。「分解」「比較」「連結」彼此息息相關，反覆嘗試，即可找出更好的課題結構。

以下談談如何利用「連結」將事物結構化。

● 分組（歸類）

其中一種連結的方法，是**找出共同點（關聯），將符合該共同點的事物歸納為一類**，也就是進行分組。

例如郵筒、櫻桃、蘋果都是「紅色」，可以分成一組，櫻桃和蘋果又可以用「食物」作爲共同點再分成一組，說不定就能從中得出「紅色食物很好吃」的觀點。

爲了尋找共同點，有時也得關注要素之間的差異。像我不喜歡番茄，所以無法贊同「紅色食物很好吃」的論點，但我同意櫻桃和蘋果很好吃。若關注番茄、櫻桃和蘋果間的差異，或許可以推論「紅色外皮且口感扎實的食物很好吃」。**注意要素之間的異同**，也有機會看見新的共同點。

找出共同點，進行分組

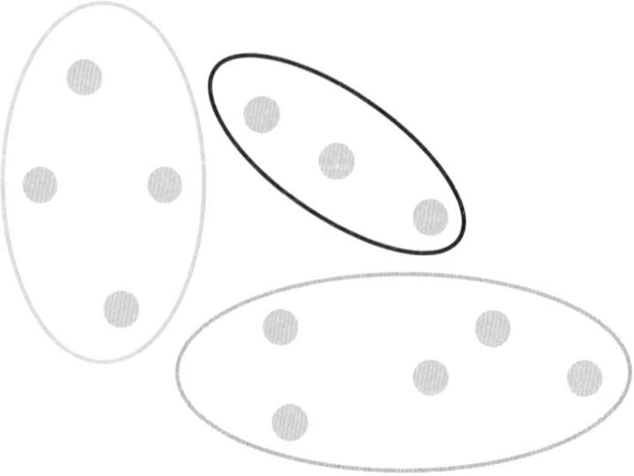

• 排列

排列也是一種連結的方式，例如**依某種標準或意義安排事物的順序，或整理事物發生的順序**。

好比說，各位現在讀到的每一個句子都是以特定順序排列文字，因此具備特定的意義。母語對各位來說可能太熟悉，反而不容易理解我說的狀況，所以我想舉一些英文的例子。Dogs like cats 的意思是「狗喜歡貓」，但如果將順序顛倒爲 Cats like dogs，意思就完全不同，變成了「貓喜歡狗」。句子的意義是由文字的「排列」決定，Dogs like cats 屬於英文文法的五大句型之三，主詞（S）＋動詞（V）＋受詞（O）。文法就是一種「排列」標準，了解文法，就能理解羅列的文字有何意義。

注意事物如何「排列」，有助於我們探討其中的意義。常見的例子如**按大小排列**；以前述的溫室氣體排放量爲例，光是將溫室氣體排放量數值化，並比較各個領域的排放量，就能理解哪個領域排放的溫室氣體較多。不僅如此，按整體占比的大小排序，還可以看出應該從哪個領域開始改善。同樣道理，將產品銷售狀況數值化，按銷售額或成長率排列，就會知道應該關注哪項產品；還可以按銷售額排列顧客，位於中間的顧客就是典型顧客。觀察組織時，按職位排列人員，也可以看出組織的結構。

除了按大小，也可以**按時間順序排列**。例如，按程序或步驟排列，也有助於我們掌握事物的結構。

無論分組還是排列，都能視爲依循某些評比標準（如大小、權重）進行的連續性「比較」。若分解的切入點選擇得宜，比較和排列就會比較順利，也更容易帶來洞見。

● 尋找關聯

要素之間的關聯，也是釐清事物結構的重要觀點。簡單來說，就是找出事物之間的關係。

比方說，食物鏈中某種生物數量減少，其他生物也會隨之減少，而被該生物捕食的害蟲數量則可能大量增加。像這樣觀察**要素之間的相互作用**，便能理解整個生態系的結構。

按大小順序排列

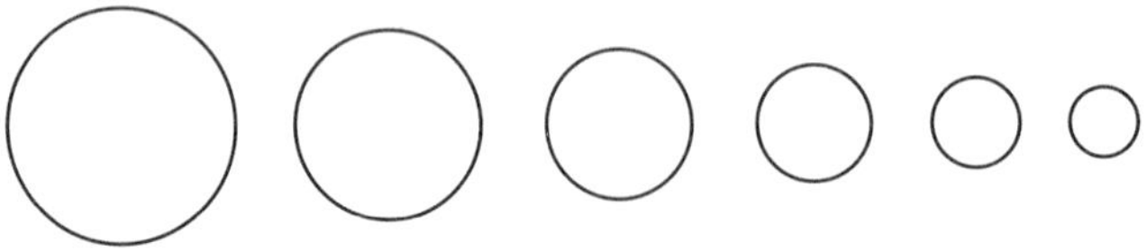

按時間順序排列

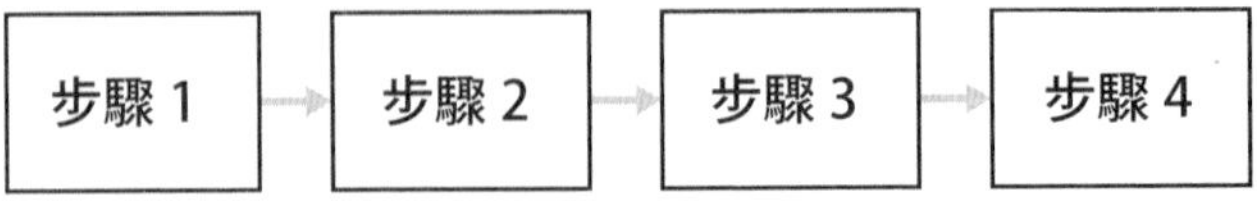

探討產品時，理解關聯也很重要。以硬體來說，了解各種零件如何連接，就能理解產品是如何形成某些功能；以軟體來說，注意元件之間如何連接，就能看出整個程式的結構與需要修改的部分。

人際關聯也有助於我們理解結構。假設你有意將產品打入某家企業，若事先掌握顯示這家公司人際關係的組織圖，或員工私底下的交情，就會知道說服誰事情比較容易成功。以業界層面來說，將不同企業之間的**供應鏈**視覺化，會更容易理解該業界或企業的競爭優勢，甚至還能看出企業之間的權力關係和依賴關係。

法則也可以視為一種關聯。比如「違規停車會被開罰單」，代表某項法定禁止行爲與罰則的關聯。「雨男」「雨女」的概念，則意味著某人若參加活動，當天必然下雨，姑且不論眞假，這也是一種法則。

最典型的關聯是**因果關係**，例如「咖啡加糖會變甜」。事物之間是否具備因果關係，需滿足三項條件：一、疑似原因和疑似結果的要素之間具有共變關係。二、具有時序性。三、沒有隱藏的第三變項。因果關係是很穩固的關聯，只要確認事物之間具備因果關係，就能根據原因預測結果。

經常一起使用或同時發生的事物之間也存在關聯，這種關係稱作**共現**。例如沙拉和沙拉醬之間雖然沒什麼共同點，但兩者之間存在「適合搭配」的關聯。有時我們還能從共現頻率高的組合發現新的關聯，例如「買尿布的人通常也會買啤酒」。還有一種尋找數據之間關聯的方法，就稱作「關聯分析」。

掌握事物之間的關聯，是高解析度的佐證。如果能找出「若A發生，則B也會發生」之類的規則、法則或因果關係，便有可能預測未來，也能深刻理解課題的結構。

有些連結可以用邏輯整理，有些不行。前者可以用MECE完美分解，而且上下關係和階層結構明確，所以也可以畫成邏輯樹。然而像社會和生態系這種要素之間關係較遠、影響較不即時，或多種要素相互作用、回饋複雜的情況，則無法單純用樹狀圖整理。

所以，接下來要介紹連結複雜性更高的「系統」。掌握系統的概念，是掌握結構的關鍵。

● 掌握系統

我將相互連結且相互作用的要素集合體稱為「系統」。先前提到的生態系就是一種系統，人與人連結而成的組織，以及組織形成的產業都是一種系統；社會也是由人、企業和規則編織而成的系統。

「尋找關聯」僅是理解要素之間的線性關聯，「掌握系統」則意味著全面了解多種要素之間的關係。

想理解系統，不只要關注各個要素，也要留意要素之間的連結和相互作用，與系統整體的功能和行爲。很多時候唯有全面理解系統，才能找出眞正的課題並制定有效的解決方案。**若不理解系統中各個要素的相互作用，就只能走一步算一步，更糟的是，自以為不錯的做法還可能造成不良後果。**

舉例來說，有些公司爲了促進員工彼此合作、當面交流，於是將辦公室設計成開放式辦公室，希望增加人與人碰面的機會。然而有研究指出，開放式辦公室反而會使同事之間當面溝通的情況減少約七〇%，用郵件等電子通訊方式溝通的情況則增加約二〇%至五〇%[9]。因爲人在過於開放的環境中較難輕鬆搭話，又或是因爲周圍環境嘈雜，所以工作時習慣戴上耳機，隔絕了溝通的機會。

會發生這種情況就是因爲沒有關注整個系統，即「人

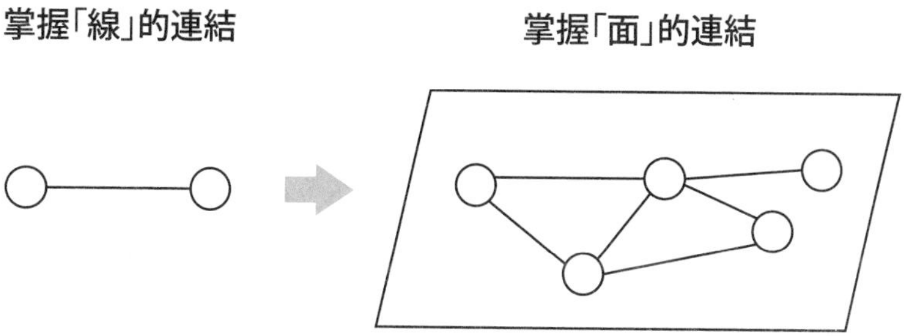

與人之間的溝通如何產生」，只看到低解析度下的課題：「物理上的隔牆導致員工溝通不足」，換句話說，因爲沒有充分掌握課題結構，以至於提出太過粗淺的解決方案，造成了不良結果[10]。

掌握事物的系統，才能追溯問題的源頭，找出解決後能產生最大效益的課題（槓桿點）。這種關注系統的思維，稱作「系統思考」。

舉個簡單的例子，試想水龍頭和水流量的關係，只要轉動水龍頭，水流量就會跟著水龍頭的鬆緊程度而改變，而且幾乎是立即改變，所以要理解「轉動水龍頭就會改變水流量」的法則或關聯並不困難。接著再假設水龍頭底下有一個浴缸，打開水龍頭，浴缸的水位就會上升，但是大浴缸的水位變化比較緩慢，不像水龍頭和水量的關係那麼明顯，所以必須仔細觀察才會知道。

接下來再假設浴缸沒有塞好，留了小小的排水孔，一旦關掉水龍頭，浴缸的水位就會迅速下降，我們也會察覺異狀。在這種情況下，想要留住水，排水孔就是課題的槓桿點所在。然而，在水龍頭打開的情況下，我們不見得能馬上察覺浴缸的水逐漸流失，於是延誤處理問題的時間。如果我們只注意水龍頭、水量與浴缸水位的關係，卻沒有理解排水孔漏水的影響，就不算眞正理解整個系統。也就是說，我們必須仔細觀察，才能掌握系統。

浴缸排水孔的例子算單純，在更複雜的系統中，要素更多，相互作用更複雜，要掌握整個系統也更加困難。**我們可能搞不清楚什麼會影響什麼，也可能忽略某些關聯，以至於無法預測整個系統的發展**。有句話說「一隻蝴蝶在巴西輕拍翅膀，可能會造成德克薩斯州的一場龍捲風」，也就是知名的蝴蝶效應，形容微小的變化可能導致整個系統發生巨變。

在複雜系統中，某項變化造成的影響，往往經過很長一段時間後才會顯現。比方說，地球環境這個系統中有許多事物相互影響，某項變化不會立即以肉眼可見的形式呈現。一九九〇年，聯合國政府間氣候變遷專門委員會就警告「如果人類繼續將溫室氣體排放至大氣，恐改變氣候，對生態系和人類產生嚴重影響」，然而，直到二〇二一年才證實「人類的活動毫無疑問造成了大氣與海陸暖化，大氣、海洋、冰凍圈和生物圈也出現了大範圍的急遽變化」。

利用樹狀圖掌握系統

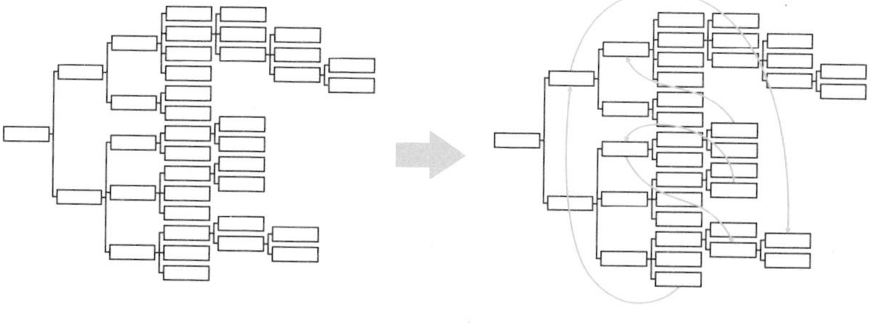

理解系統的過程相當複雜，認知負荷也很大，因此人們傾向化繁爲簡。然而，如果我們放棄理解社會就是一套複雜系統，過度簡化，便容易陷入不良思維。其中一個例子就是陰謀論，陰謀論的基礎認知是「社會是由少數具有惡意的人主導運作」，換言之，陰謀論者只以單純的因果關係認識社會系統，認爲特定人士的意圖會直接反映於社會。但社會其實是一套相當複雜的系統，而且還沒想像中的嚴謹[11]，即便是有錢有權的人，也很難以個人意圖直接操控社會，如同我們很難要求別人照自己的想法行動；但因爲陰謀論淺顯易懂，所以很受歡迎。

其實只要是人，都會傾向迴避複雜系統，尋求簡單明瞭的因果關係和法則。雖然有些時候簡化解釋有好處，**但想提高解析度，應該避免過度簡化，面對事物本身的複雜性，仔細觀察系統的組成要素及其中的關聯**。

再者，任何系統最終都會趨於穩定、平衡，不會一直動盪。舉例來說，外來種入侵某個池塘，改變池塘原有生態，可能會造成一陣混亂，但最終仍會達到某種穩定的狀態。比如外來的淡水螯蝦大量繁殖，破壞池塘的生態系，被螯蝦捕食的生物數量急遽下降，最終也會導致螯蝦數量減少，達到穩定；或獵物耗盡，螯蝦也隨之滅絕，這也是一種穩定的狀態。無論如何，**系統總會在某個時間點開始循環，產生回饋機制，最終走向平衡**。

雖然任何系統最終都會走向平衡，但可能需要很長的時間，而且**循環也分成良性循環和惡性循環**，像是具有網絡效應的產品或服務就是良性循環的例子。打個比方，如果今天的產品是電話，使用者卻只有兩個人，這項產品就沒什麼價值；不過隨著使用者數量增加，可以連絡的對象增加，電話的產品價值也會水漲船高。拍賣平台也是同樣的道理，賣家愈多、商品數量愈多，買家便會跟著增加；而買家增加，賣家和商品數量也會增加，進而吸引更多買家……一旦進入這種良性循環，該拍賣平台就會變得比其他平台更具吸引力。隨著網路發達，現在有愈來愈多事業都是建立在上述良性循環的基礎上。另一方面，景氣衰退則是惡性循環的例子之一。景氣不好時，人們東西買得少，市場需求下降，這又進一步加劇景氣低迷。爲了打破惡性循環，政府會介入市場系統，以財政政策刺激市場需求。不過，無論良性循環或惡性循環，即使有外力強行介入，通常也需要很長一段時間才會達到穩定。

即使系統是按照某人的意圖設計，仍難以避免出現自發性、偶發性等超乎預期的狀況。市場系統就是一個例子，儘管市場是按照政府的意圖設計，大多時候也無法照理想運作。

然而，我們並非無力影響系統，正如政府會干預市場，我們也可以採取妥善的措施影響系統。**只要了解課題的結構與系統的相互作用，就能看出應該干涉哪項要素**。現有企業、產業結構，以及業務流程，都是由各種要素交織而成的系統。創造新產品時，必須思考產品如何順利融入現有系統，以及從何處介入才能按照自己的意願改變系統。只要像這樣思考，就能從「結構」觀點提高解析度。

● 注意更大規模的系統性影響

資訊科技領域有個概念稱作「系統體系」，指許多獨立的系統相互牽連、共同衍生出意外的活動。系統體系通常不受任何管理；每個獨立的系統雖然都在控管之下，但當這些系統相互連結，形成更大的體系，衍生出全新的活動，這個新的體系就會在無人干涉的情況下自行運作。

廣義來說，社會也是一種「系統體系」，因爲社會是由政府、企業、市場、制度等獨立的系統組成，卻衍生出各種非預期的活動。當我們試圖穩定運作名爲企業的單一系統（即經營企業），不僅需要掌握企業內部的組織和人際關係等系統，還需要了解更高層次的系統體系，也就是社會。

系統體系相當複雜，很難完全掌握，建議先個別觀察抽象度相同的要素，例如前面提及的「社會」「企業」「團隊」等，可以先依要素的抽象度劃分它們在系統中的層次，整理起來會比較容易。

這些層次之間關係緊密，比方說，如果人際關係這種個人層次的系統出了問題，就會影響到更高層次的團隊表現，進而影響再更高層次的系統。這是低層次影響高層次的範例；至於高層次影響低層次的狀況也所在多有，例如「用傳真機連絡很複雜」這種個人層次的問題，可能需要著眼更高層次的系統（例如業界）才有可能解決，假設之後業界禁止使用傳真機，這項變化就會影

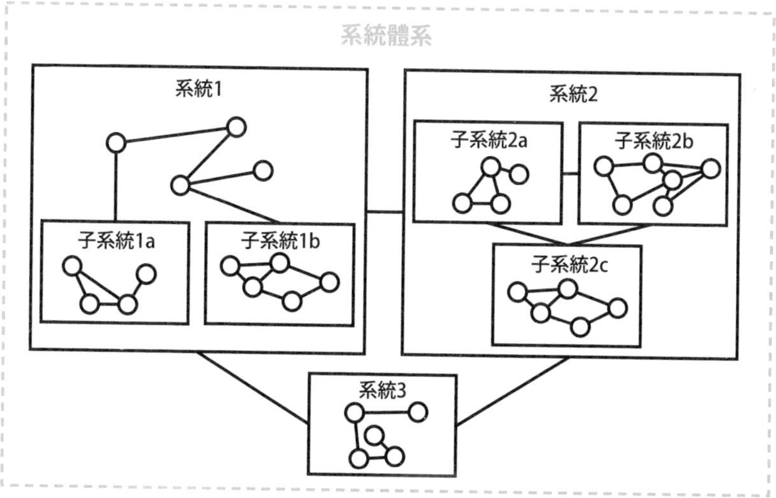

響各家公司，進而改變團隊和個人的工作方式。換句話說，**只看單一層次，可能會忽略課題的結構**。

以上述觀點看待事物之間的關係，就能跳脫線性和平面的視野，看見不同層次組成的三維結構。

此外，我們還可以運用不同的觀點，觀察各個層次的立體結構。舉例來說，大學的功能包含「教育」「研究」，以及「產業貢獻」等，站在不同角度觀察大學，就能看見大學的各種面向。從「教育」的角度來看，大學位於教育界這個更高層次之下；而大學由眾多學院和處室等要素組成，底下有顯示學系間關係的層次，再往下還有研究室間關係的層次、學生間關係的層次等等。如果從「產業貢獻」的角度來看，大學之上的層次是整個產業界，之下

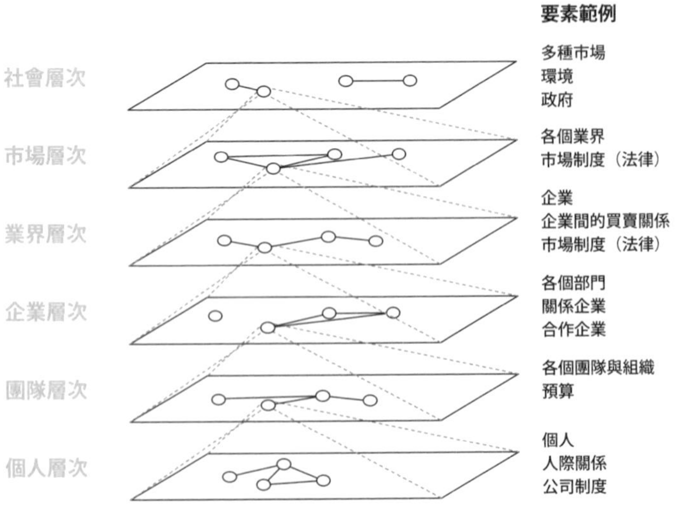

則可以看見產學合作相關部門、教師人際關係等層次。

像這樣以「教育」和「產業」兩種觀點來觀察大學，會看見截然不同的層次結構。甚至大學本身也是由教育、研究、產業等多重面向相互作用而形成的組織，因此我們必須將各個面向黏合成一個立體，釐清各個面向的層次結構，掌握各層次內要素間的關係，才能眞正理解大學這個系統。

觀察產品時也一樣，觀點除了「成本」，還有「便利性」，由於不同層次之間也存在某些共同要素，因此只要改變其中一項要素，也會對結構中的其他層次造成影響。像這樣以多種觀點理解系統的層次結構，並掌握其立體結構上的關係，就能理解複雜的結構，提高解析度。

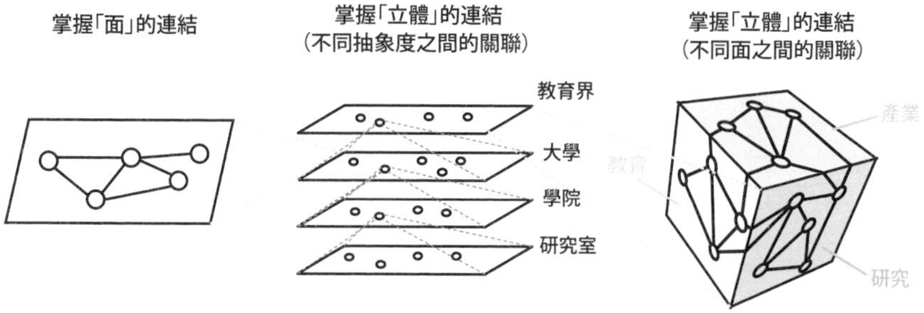

畫圖（視覺化）能有效釐清事物間的關係。

刑事偵查劇中經常出現一幕，在牆上貼上受害者和證據的照片，畫線連結，這麼做就是爲了將事件中的關聯視覺化。

很多圖表都能用來「連結」要素之間的關係，比如「心智圖」可以將我們腦中的想法或聯想連結起來；「利害關係人分析圖」可以表現相關人員間的關係；「使用者旅程圖」可以描述客戶與產品或服務互動的一系列過程；「概念圖」可以彙整概念之間的關聯。運用特定格式整理資訊，也能避免自己的觀點有所疏漏，而且在畫圖的過程中或許還會冒出新的靈感。

畫圖時，建議選擇大一點的畫布。如果要畫在紙上，選A3尺寸較佳；如果要畫在白板上，也建議挑大一點的白板，才有空間畫出更多要素，也更容易看清其中的關聯。而且最好**圖文並茂**，假設有項要素是大象，別只寫「大象」，不妨畫一隻大象的圖案。我和藝術大學的學生或設計師一起進行工作坊時，發現很多人都習慣用畫圖的方式做筆記，感覺上，看圖也比只看文字更能衍生出更不一樣的想像。

很多情況都能畫成圖，例如，畫一張圖來分析某個現象的因果關係，就能找出原因並加以處理。系統思考也經常將事物的因果關係畫成圖，整理各項要素之間的相互作用，這種來表現因果系統的圖，稱作**因果循環圖**。

舉例來說，某項研究發現「錯誤率高的職場，通常團隊績效較好，心理安全感較高；而錯誤率低的職場，通常團隊績效較差，心理安全感較低」。聽起來很違反直覺，但只要畫成圖，就能理解整個系統的關係。

人在心理安全感較低的職場中，會傾向隱瞞錯誤，這麼一來，雖然出錯的情況少，但偶爾出錯時也會受到更嚴厲的譴責。到後來，隱瞞錯誤的狀況益發嚴重，呈報錯誤的次數逐漸減少，大家失去在職場上學習的機會，導致績效下降，甚至可能引發重大事故。只要將上述情況畫成圖，就會清楚發現這是一種「錯誤呈報次數減少，導致更多錯誤被隱瞞」的惡性循環。

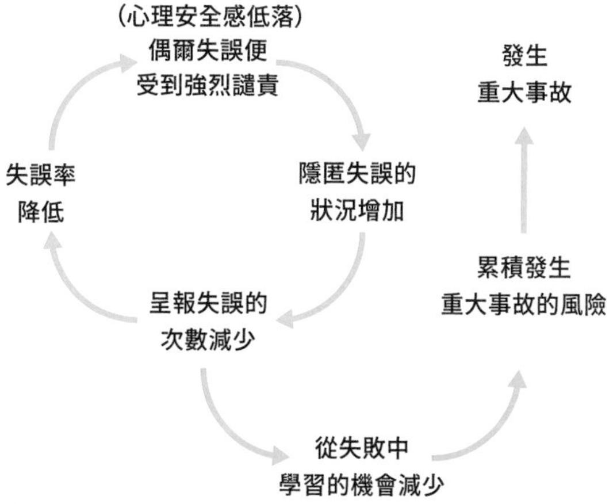

反過來說，人在心理安全感高的環境下，可以毫不猶豫呈報錯誤，儘管較常出錯，不過團隊可以從錯誤中學習，因此整個職場更不容易發生重大事故。只要揪出圖中的循環狀況，我們就有機會打破惡性循環，將系統導向良性循環。

能將資訊妥善整理成圖表，是結構化能力優秀的表現。此外，圖表也能用來檢測自己思考狀態，因爲你畫出來的圖表結構，反映了你思考結構化的程度。但就算畫不出漂亮的圖表也不必氣餒，因爲也可能畫到一半就發現要素之間的關聯。我建議各位**想到什麼要素都先隨意寫下，連連看彼此的關係，覺得不對再擦掉就好**。

除了事物之間的關係，也要**注意環境對這些關係的影響**。例如規範和制度會強制連結或阻礙特定要素之間的關係。在內部競爭激烈的公司，員工可能將同事視爲競爭對手，使得彼此間的聯繫受限。反過來說，若公司鼓勵跨部門合作，便可能促進員工間的聯繫。**制度和文化常常會促成特定的連結，所以剖析事物的關聯時，不只要關注個別要素與個人，也要關注周圍環境的系統**。

● 運用類推發掘新關係

最後介紹的思考範本是**運用類推發掘新關係**。類推是將已知事物（基礎）的結構和關係，映射到未知事物（目標）上的推論方法[12]。

觀察已知的基礎結構與未知的目標結構，尋找相似與相異之處，若發現目標結構缺少基礎結構的某些要素，那可能就是我們未發現的要素。開發新事業時，透過比較其他類似事業，或許就能發現新課題的結構。

本書的「深度」和「廣度」也是一種類推的概念，深度和廣度原本是用來描述空間的詞彙，但我用來形容思考，以期理解空間結構的人也能理解思考結構，更輕易掌握解析度的概念。

類推的先決條件，是作爲基礎的事物已經經過適當的結構化。如果對基礎結構一知半解，便無從發覺與其他事物的異同。此外，以不同的抽象度觀察，也會看見不同的模樣，有些東西即使細節看起來截然不同，綜觀來看卻可能具有相似的結構。

以人類與猴子爲例，乍看之下，兩者並不相像，但是只要提高抽象度，就能透過類推找到兩者共同的結構和特徵，例如

抽象度	基礎（人類）	目標（猴子）	結論
高	動物	動物	類似 （可能採取相同行為）
中	哺乳類	哺乳類	類似 （可能採取相同行為）
低	人類	猴子	不類似 （可能採取不同行為）

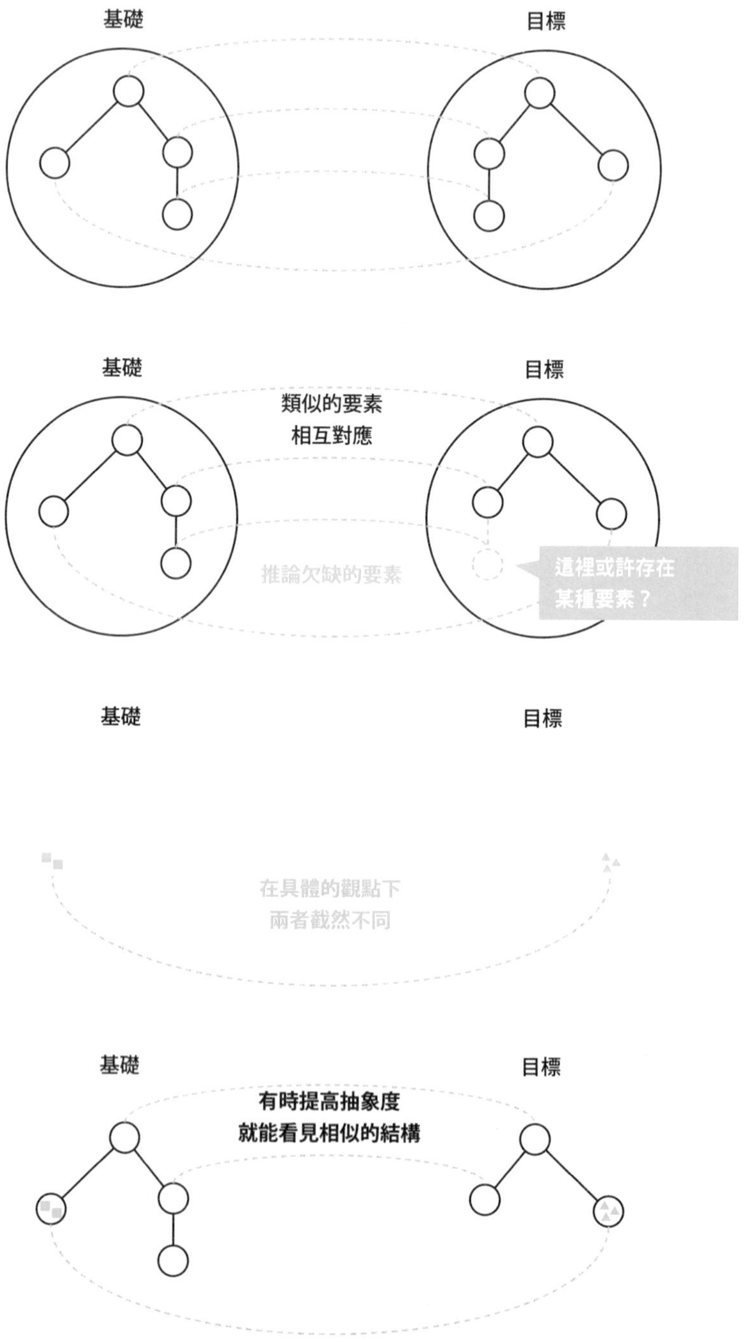

基礎
目標
基礎
目標
類似的要素
相互對應
推論欠缺的要素
這裡或許存在
某種要素？
基礎
目標
在具體的觀點下
兩者截然不同
基礎
目標
有時提高抽象度
就能看見相似的結構

人類和猴子都是哺乳類動物，或都是動物。

請注意，類推的結果不一定正確。例如，有些人會用家庭收支的概念類推國家財政，雖然某些觀點確實相通，細節卻有差異。類推得到的結果只是假說，在經過驗證之前都應該視爲暫時性的答案。

省略

前面已經介紹了「分解」「比較」「連結」三種結構化的方法，最後要介紹的是「省略」。省略就是刪減、排除。其實「分解」「比較」「連結」的過程也都需要「省略」，但由於省略時必須整合各個環節，所以我選擇獨立出來，放在最後講解。

例如，**「分解」的時候，可以將占比較小的部分全部歸類於「其他」的項目，省略多餘的分析**。此外，有時候**省略離群值之類的極端數據，也更容易理解現象**。舉例來說，假設公司有兩成營業額集中於一名大客戶，其餘八成則來自許多零星客戶，那麼分析營業額的趨勢時，或許可以排除大客戶這個離群值，以求較有意義的結果。

「比較」時進行的「數值化」，也是一種只看特定特徵（抽象化）而省略其他的做法。省略事物的某些表面特徵，以凸顯眞正重要的部分。**「連結」中的分組，也必然**

省略掉某些不在分組標準內的要素。省略部分較不重要的關聯，也有助於釐清重要的關聯。我在談結構的開頭，就提過抽象化有多困難，因爲省略和取捨並不容易。取捨得當，抽象化才能達到良好效果；若取捨不當，抽象化便會產生錯誤結果。不擅長或不會抽象化的人，大多都是因爲過度重視細節，不擅長省略和取捨。

省略其實是經常發生、我們也下意識會做的事情。例如數位影像就是將類比資料按一定時間、一定大小分割而成的產物。數位化雖然會省略一部分的資訊，但處理起來也會更容易一些。四捨五入也是一種便於比較和計算的省略做法。

換句話說，**根據目的「省略」部分資訊，就是刻意「降低」解析度**，以便比較和計算。

比方說，朋友分成很多種，交情各不相同，雖然可以透過訪談等方式，以較高的解析度觀察每個人之間的關係，但這麼做既費時又難以掌握整體情況。如果已經透過訪談蒐集到細節資訊，不妨改用問卷調查簡單詢問「您和某人是否爲朋友」，將朋友關係簡化成有或無，從而了解整體的結構。這樣就能得到人際關係的分析數據，或許還能得到新的見解。

傳達複雜資訊時，有時也需刻意省略較不重要的資訊，讓對方更容易理解。比如本書提到，提高解析度時，資訊、思考、行動三要素非常重要，但爲了強調行動的重要性，我省略了不少資訊和思考的訓練細節。適度省略才能凸顯行動對於提高解析度的重要性。

但請注意，**一定要清楚自己為何省略**。如果因爲數據不符合假設，就隨便找個理由省略，那只會得到偏頗的結論。假設你訪談顧客後，發現結果不符合自己的假設，便將這項結果視爲例外省略掉，這麼一來，你將錯失調整的機會，與眞相漸行漸遠。省略雖然實用，但操作上務必謹愼再謹愼。

以上講解了四種釐清結構的思考範本：「分解」「比較」「連結」「省略」。接下來，我會介紹一些行動和蒐集資訊的技巧，幫助各位提高以上四種方法的精準度。

發問

發問，能有效釐清目前結構化的程度。各位不妨想想，要問什麼問題才能加深自己對當前課題的理解。發問的功用可不只有取得對方擁有的資訊，還能反映自身解析度的高低。如果你的解析度低，可能提不出什麼問題；反過來說，有辦法發問，就意味著你的解析度已經有一定程度。不知道各位有沒有一種經驗，被問到自己專業領域的問題時，你能從對方的發問內容感覺出對方內不內行？**發問就猶如一面能反映自身當前解析度的鏡子**。

想要提出好問題，首先要將目前擁有的資訊結構化，找出自己不清楚的地方。在結構化之前，必須鑽研資訊到一定的深度，否則也只提得出稀鬆平常的問題，無法從中獲得新知。

發問時，可以先預想對方的回答與追問的問題，這能讓們提出好問題。好比在提出主張之前，我們會先預想對方可能如何反駁，以及自己再如何反駁回去。爲了模擬這些情況，自然需要足夠的解析度作爲基礎；而發問之後得到的回答，也可能大幅提高我們的解析度。

發問雖然有用，但需要勇氣，因爲發問相當於暴露自己的無知，而且引人注目。爲了克服這種恐懼，我鼓勵各位鼓起勇氣，或讓自己置身不得不發問的場合，督促自己利用發問將想法言語化。比如參加專家的演講時，鼓起勇氣發問。

很多人可能害怕問了蠢問題會被笑，但聽人說話時抱著積極

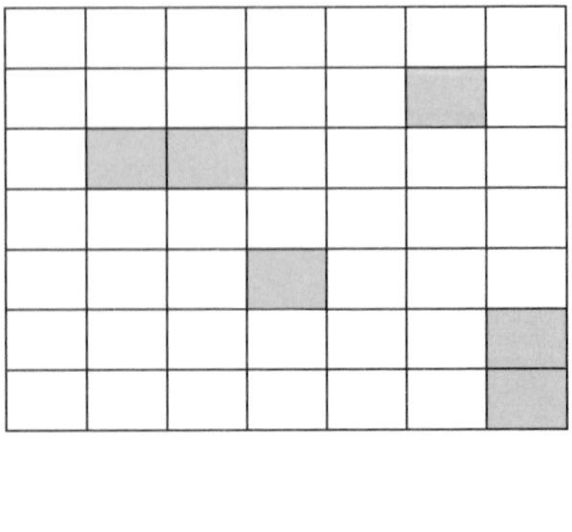

鑽研資訊後
再進行結構化
釐清自己「不知道」的部分
就能提出好問題

發問的心態，我們也會下意識深究內容，同時釐清自己目前解析度的高低。

一開始可能會覺得發問很恐怖，但久而久之就會習慣。盡早習慣發問，增加發問的機會，進而獲得更多資訊。

了解更多結構的模式

「分解」「比較」「連結」「省略」的**成敗關鍵，在於你了解多少種結構的模式**。分解的切入點可以有很多種模式，比較和連結亦然。我們平時就要累積各種模式的知識，比如記錄過去效果不錯的切入點，仿效上司分解事情的方式，或看書學習切入點的模式等等。

此外，正確類推的前提，也是確切理解基礎與目標的結構與特徵。擁有大量的基礎知識，將擴大類推的可能性。

我在「深度」一章提到，了解理論和概念可以改變我們對現實的認知，結構也是如此。本書介紹的結構分析方法也參考了其他商業書籍的理論與概念，例如尼爾森·古德曼於《世界形成的方法》[13]中提到的「合成與分解」「加權」「排序」「刪除與補充」「變形」等概念。

事物在我們眼中呈現什麼結構，大多取決於我們對結構的模式有多少了解。**了解人類的行為模式和思考模式，才能深入研究顧客面臨的課題；熟悉多種分析社會結構的方式，才能剖析社會的結構。以商業來說，了解業界的結構，才有機會搶先掌握課題。**

課題的「結構」總結

- □先從分解開始。注意切入點，依循MECE原則，或畫成樹狀圖整理資訊。
- □分解後進行比較。記得比較對象的種類與抽象度必須相同，比較標準包含大小、重量等等。務必慎選切入點，也可以將資料視覺化，會更容易比較。
- □連結的方法很多，如分組、排列、尋找關聯、掌握系統、類推等等。連結時也可以運用一些有效率的方法，例如將資訊視覺化，並關注周遭環境。
- □省略在結構化的每一個環節都很重要。適度省略資訊，有助於理解結構。
- □了解更多結構的模式。擁有充足的知識與資訊，也能擴大類推的範圍。

從「時間」觀點提高課題解析度

「深度」「廣度」「結構」觀點下的解析度，都相當於事物在特定時間點的快照，呈現了該時間點的樣貌。

然而，商業隨時在變化，課題也隨之改變。所以提高課題解析度時，必須意識到問題如何隨著時間改變，如同打獵時必須預測飛鳥的動向才能命中目標。即便你當下正確掌握課題的優先順序，說不定隔天社會情勢轉變，課題的優先順序也不一樣了。商業課題如同移動標靶，時時刻刻都在變化，我們能否跟上變化，也將大大影響解析度高低。

以下我會從「變化」「程序與步驟」「流程」「歷史」四種時間觀點來探討提高解析度的方法。

根據時間順序與因果關係
掌握事物的發展流程。

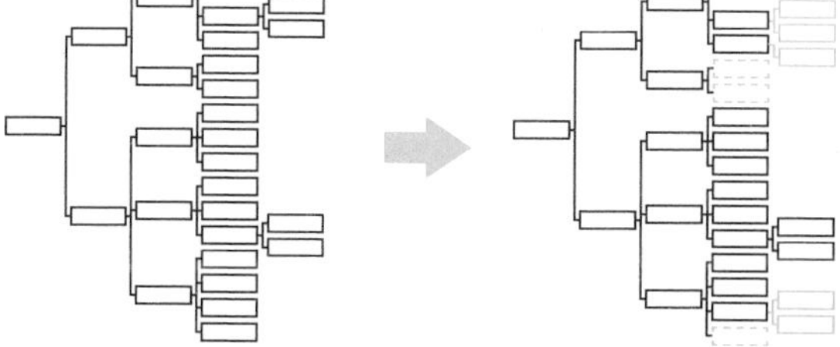

觀察變化

事物會隨著時間改變，所以**關注變化**，就能從時間觀點提高解析度。

商業上經常以月營業額變化爲基本參考資訊，因爲按時間軸觀察事物的變化，某種程度上可以預測未來會如何變化。大多情況下，**變化都有一套模式，只要洞悉變化的模式，就能看出事物的結構和因果關係**。假如你發現「拜訪客戶次數較多的月份營業額較高」（變化模式），或許可以推測「只要增加拜訪客戶次數，就能提高營業額」（因果關係）。

觀察變化時，務必留意時間單位。不同目的，適合不同的時間單位，不見得愈細愈好。假如想觀察蜂鳥振翅的樣子，應該以微秒爲單位的高解析度觀察；但假如想觀察蜂鳥的候鳥習性，則應該以更長的時間爲單位。再舉個例子，想改善產品製程，最好以整體來說有意義的程序爲單位，以微秒爲單位就太細了，不僅沒意義，數據量太龐大也不好掌握整體情況。以營業額來說，如果要觀察團隊績效，可能需要以每週爲單位；但如果是部門，可能每月觀察一次就夠了。而對外部投資人來說，比起每秒的業績數字變化，季度或年度的營收趨勢資訊可能更有參考價值。

不過有些情況則適合以細小的時間單位觀察，比方指數型變化的情況。指數型變化起初進程緩慢，但隨著時間過去，變化幅度會急遽攀升。比如傳染病的感染人數就會呈指數型變化，假設一開始有一百個人感染，每週增長一．五倍，一週後就有一五〇人，兩週後有二二五人，三週後有三三八人，四週後有五〇六人，五週後有七五九人，十週後則會增加至五七六七人，短短十週，感染人數就增加了五十倍以上。

很多人習慣以線性變化理解事物，較難察覺指數型變化的情況。反過來說，**若能及早發現市場或用戶發生指數型變化，就能及早投入潛力巨大的市場**。**觀察變化時，如果選擇的時間單位太長，很容易錯過眼前發生的重大變化**。即使是需要以長時間單位觀察變化的職業，偶爾觀察微觀層面的急劇變化，也能有效提高解析度。

再者，**複雜系統的變化不一定即時**。假使某項要素的狀況改變，其他相關要素受到的影響可能需要很長一段時間才會顯現。前述碳排放量增加與地球氣溫上升就是一個例子，由於變化非常緩慢，需要花費很長時間才能掌握兩者之間的關聯。商業也一樣，某些商品從開始談生意到簽約很花時間，即使拜訪客戶次數對於營業額有很大的影響，也不見得多拜訪幾次客戶就能馬上提升營業額。注意這些非即時性的變化，也是從時間觀點提高解析度的訣竅。

觀察個別程序與步驟

觀察事物如何按時間順序變化也會有收穫。**按步驟分割事物，觀察各個程序**，就能提高解析度。

例如物流和產品製程都是條理分明的程序。物流可視爲物品在不同地點之間移動的程序，製程則是原物料進入工廠後按特定順序加工，最終形成產品的程序。農作物的生產則是更漫長的程序，從播種開始，經過一連串作業直到最後收穫，需要半年或一年的時間。**了解事物的程序，就能發現課題存在於哪個環節**。

廣告業和資訊科技業經常使用**漏斗模型**分析資料，就像通過漏斗一樣，可以呈現過程中逐步減少的數量。例如，我們可以將購買行爲拆解成認識→感興趣→比較→購買的過程，整理出每個環節減少的人數，進而判斷要解決的課題在哪個部分。漏斗模型用途十分廣泛，應用程式吸引用戶或徵才活動，都可以用漏斗模型梳理以掌握過程。

策略顧問常用的**價值鏈**則比較抽象，是將企業創造價值的一連串活動整理成程序圖。我們可以**在價值鏈上尋找需要改進的部分；如果建立了獨特的價值鏈，還能創造出獨特的價值**。至於「價值體系」則是將整個業界的價值創造程序畫成圖，觀察價值體系，就能思考自家公司價值鏈能延伸的範圍。

舉例來說，在農業的價值體系中，超市通常負責農作物的「零售」，餐廳通常負責「料理」，不過有些講究的餐廳可能會直接向生產者購買，這樣一來，該餐廳的價值鏈就拓展到「流通」的環節，因此能提供附加價值更高的產品。

新創公司也可以考慮採取異於傳統價值鏈的方式來創造價值。例如有家新創公司是在貨櫃中經營水耕農場，農作物乃至於整個產地可以跟著貨櫃移動，這種型態便取代了傳統價值鏈中「生產」到「流通」的部分。如果在城市中進行垂直水耕，還能精簡流通和零售的程序，打造新的商業模式，將美味的蔬菜直接賣給消費者和餐廳。掌握價值鏈的各個環節，不僅能釐清目前結構，也有機會冒出靈感，創造新結構。

除了價值鏈這種大規模的程序，**我們的日常事務中也存在大大小小的程序**。費用報銷是一項

價值體系與價值鏈

※上色部分代表公司在價值鏈中的定位

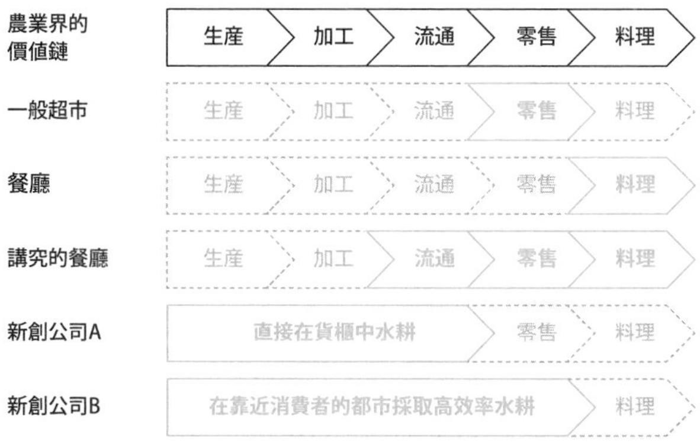

程序，簽到、簽退也是差勤管理中的一項程序，只要按步驟拆解這些事務，就有機會進行改善。此外，**從程序的角度理解用戶行為，觀察每個步驟的狀況，也能察覺用戶在哪個步驟上感受到最多困擾，是最需要解決的課題**。

很多時候，只要整理出程序和步驟，就能大幅提高解析度。假如你發現事物在時間上擁有連續性的變化，不妨試著拆解程序。

觀察整體流程

前面說明的程序也一種**「流程」**，只要關注時間，就能看出物品或資訊的流程。掌握流程，是理解結構的基礎之一。《目標：簡單有效的常識管理》[14]提出了改善製造業生產效率的制約理論，便相當很注重「流程」。

制約理論認為，業務的整體績效深受生產瓶頸左右；瓶頸即阻礙「流程」的制約因素。原則上，只要持續改善制約因素，擴大瓶頸，流程便能發揮最大效益，提升生產績效。

狹窄的瓶頸原本是為了方便我們控制倒出瓶中液體時的流量，不會一次全倒出來。**將瓶頸的概念應用於物品和資訊，就能掌握流程**。

書中也列出有效改善流程的策略：

①找出瓶頸
②充分發揮瓶頸功能
③讓其他要素配合瓶頸
④提高瓶頸強度
⑤避免惰性，持續改善（尋找並加強新的瓶頸）

製造業爲了找出生產過程中的瓶頸，會先關注執行中的作業和庫存，因爲產品庫存會在瓶頸的前一個環節累積。一旦找到瓶頸的位置，就進入下一步，「充分發揮瓶頸功能」，去蕪存菁，確保該環節能發揮最大效益。接著「讓其他要素配合瓶頸」，也就是配合瓶頸的性能，調節整體業務處理能力。

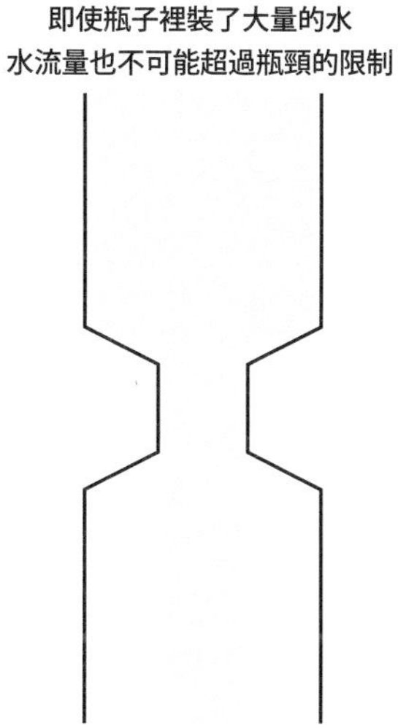
即使瓶子裡裝了大量的水
水流量也不可能超過瓶頸的限制

由於生產流程受到瓶頸的限制，在瓶頸前的環節投入大量的原物料，超量的部分也只會形成浪費。就好比一只瓶子，裡頭水裝得再多，流量仍會受到瓶頸大小的限制。

有時瓶頸也會比喻成鎖鏈。鎖鏈是由多個環連結而成，而鎖鏈的整體強度（拉扯時是否會斷裂）取決於最弱的環節。即使其他環節再牢固，鎖鏈受到拉扯時會不會斷裂，依然得視最弱的環節而定，這種結構與瓶頸十分相似。

因此，「提高瓶頸強度」也是非常重要的步驟。我們要**針對鎖鏈中最弱環節加以改進，也就是增加瓶頸的處理能力，增加整體流量**。經過強化，擴大瓶頸之後，流程中勢必會有其他相對變弱的部分，形成新的瓶頸。換句話說，瓶頸會移動，因此我們需要「尋找並加強新的瓶頸」。

不斷重複以上五個步驟，就能持續改善流

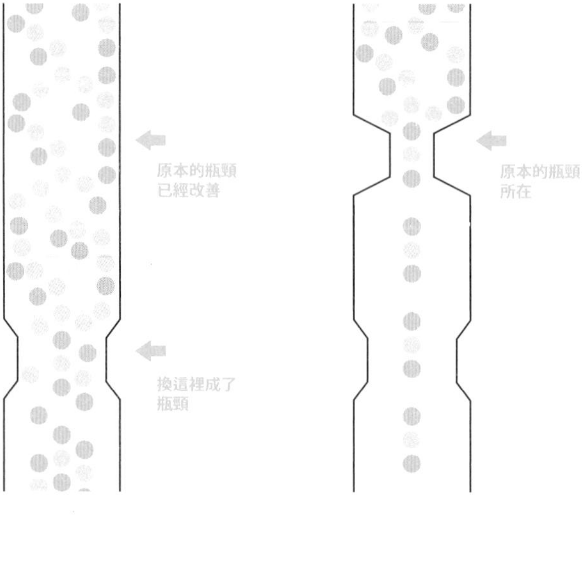

程，一旦改善成功，整體流量將不斷增加。只要觀察物品的流程，就有機會改善生產效率。

時至二〇二二年，軟體工程師的薪資愈來愈高，因爲軟體在各行各業的重要性與日俱增，軟體開發成爲各行各業的瓶頸。人們希望改善瓶頸，讓業務流程更順暢，事業更成功，因此軟體開發的市場需求增加，企業間也開始高薪聘請軟體工程師，這同時也帶來了巨大的商機，諸如軟體工程師的人才媒合服務、教育事業，以及不需要工程師也能開發軟體的工具等等。

瓶頸的概念不只適用於物品的流程，也適用於人、工作或資訊，只要找出流程中的瓶頸並加以解決，就能創造巨大的價值。

提高解析度時，請務必考量時間因素，關注物品、資訊、工作的流程。

回顧歷史

了解歷史（過去的時間），也有助於提高解析度。

每項課題都有一段誕生的歷史。例如公司內部繁瑣的簽核流程，可能是因爲以前發生過不法情事；冗長的合約內文，可能是公司和社會過去經歷過各種困擾，爲避免重蹈覆轍的智慧產物。

如果你有意尋找特定產業的課題，可以**回溯時間，研究該產業的沿革**。

舉例來說，假如你想解決「家長和教職員之間的溝通問題」，可以調查家長教師聯誼會的歷史，研究其成立目的與各個時代的流變，理解課題的成因。此外，回顧產業歷史，也能了解現行規範和結構的成因，因爲通常都是過去發生了某些事情，才會衍生出現在的對策。了解歷史背景，也能提高課題解析度。

以應用程式或服務來說，研究以前類似的失敗案例，也有助於了解顧客需求。人們往往輕忽歷史，但回顧歷史其實能獲得許多啓示。

歷史藏著許多教誨。展望未來之前，請先回顧過往。

課題的「時間」總結

- ☐ 觀察事物演變趨勢，就能掌握瞬息萬變的課題。
- ☐ 拆解事物的程序與步驟，觀察物品與資訊的流程。流程卡住的地方（瓶頸）往往就是有機會創造巨大價值的課題所在。
- ☐ 回顧歷史，向過去學習，便能看見課題產生的脈絡。

提高課題解析度，就是要當上該課題的學者或達人。以商業來說，如果你對某產業的顧客瞭若指掌，甚至能拍胸膛自詡為顧客達人，代表你的解析度很高。反之，如果沒有這種自信，或許就代表解析度還不夠。

此外，課題永遠變幻莫測，即便提高了課題解析度，也不能停下腳步，應時時檢視自己的解析度有沒有跟上變化。

然而，光是了解課題還不夠，課題與解決方案必須相互適配才能產生價值。缺少解決方案，就不可能產生價值，所以接下來要講解的是提高解決方案解析度的方法。

6

提高解決方案的解析度
——「深度」「廣度」「結構」「時間」

商業上，解決方案又稱作策略或手段，有時也會以產品的形式呈現。

即使我們正確理解課題，若欠缺解決方案，也無法產生價值。假如課題與解決方案的適配範圍很小，小到只擦到一點邊，那麼該解決方案所能產生的價值就很小。問題與解決方案的適配程度愈高，價值也愈大。因此，儘管價值絕大部分取決於課題，但也得精心規畫解決方案。

我們可以改善現有的解決方案，創造更大的價值，或針對尚未解決的問題找出解決方案並完美解決問題；無論如何，我們都需要提高解決方案的解析度。

本章會介紹幾項提高解決方案解析度的範本。不過在此之前，我們先探討何謂好的解決方案。

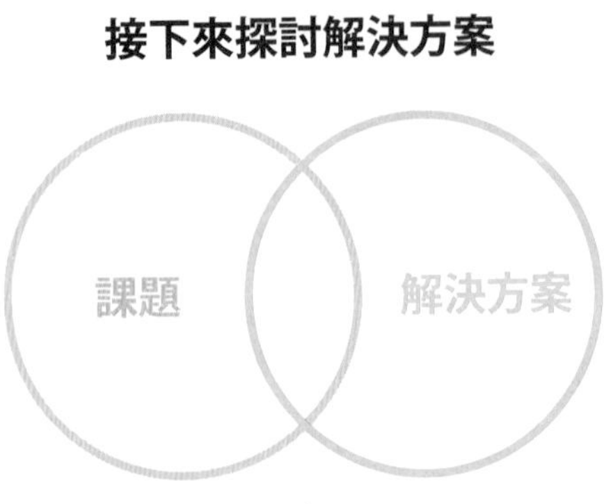

優良解決方案的三個條件

前面提過，好課題必須滿足三個條件：「規模夠大」「可以用合理的成本解決」「能拆成可以建立成績的小課題」。同樣的，好的解決方案也有三個條件：

①能充分解決課題
②成本合理且目前可行
③優於其他解決方案

①能充分解決課題

首先，好的解決方案必須能充分解決問題。當然了，若無法解決課題，也算不上解決方案。

這裡的重點是**充分解決課題**即可，不須過度。如前所述，價值的上限取決於課題的規模，即使你提出超乎課題需求的解決方案，也無法創造超過課題規模的價值，這個觀點在我們思考解決方案時非常重要。好比說，短距離移動不需要搭超音速噴射機，搭公車就夠了。效能過剩的解決方案只是徒增成本，最後恐落得事倍功半。總而言之，課題的規模雖然愈大愈好，但解決方案只須配合課題規模即可。

這項條件非常合情合理，但很多負責提出解決方案的人卻經常忘了這回事，例如研發人員，還有已經找到課題，進入構思解決方案階段的團隊。

假設你現在要開發USB隨身碟，並計畫生產32GB、64GB、128GB、256GB、512GB等大容量且低價的產品。如果64GB的容量對大多數人來說已經夠用，那就算容量擴大到512GB，恐怕也賣不出去。當你提供效能過剩的產品，有購買意願的人少，就得轉向低價促銷，但這麼一來，競爭對手也會跟著降價。無論你投入再多心血，效能過剩

「效能過剩的解決方案」與
「充分的解決方案」創造的價值完全相同

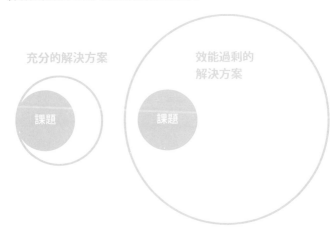

的產品都無法帶給你相應的回報。

然而，很多人在研發或企畫新產品時卻執意追求「功能更厲害、價格更便宜的產品」，最終提出供過於求的解決方案。這些人對顧客的需求不夠了解，意即課題解析度低，選錯課題，甚至可以說他們沒有為客戶著想。

以隨身碟的例子來說，當顧客對於容量的需求得到一定程度的解決，課題的重心可能就會轉移到輕便性與設計性等方面，這時就不必再追求容量大小與價格高低，可以**針對其他課題提出解決方案，創造更大的價值**。

所以我們必須先以高解析度掌握課題，才有辦法擬定充分的解決方案。研發產品時，如果不知道「產品性能要多高才能充分解決課題」，就好比起跑了卻不知道終點在哪裡。因此，研發階段應及早接觸顧客，釐清顧客對於規格的最低需求，並決定要研發到什麼程度。

有些新創公司運用先進科技製造產品前，會先制定產品規格表，詢問顧客「是否願意購買這種規格的產品」，評估顧客的最低需求。確定研發程度的下限之後，才開始研發能充分滿足顧客需求的解決方案。換句話說，他們是**先提高課題解析度，確定「滿意解」的條件才開始運作**（關於滿意解的說明請見第三章專欄）；也可以說是藉由與顧客交流，摸索研發的條件。

如果顧客有意購買，也可以在實際生產前簽訂備忘錄或意向書之類的文件，確保「產品做出來就賣得掉」，還能藉此成績籌措更多研發資金。站在投資方的立場，比起「不知道東西做不做得出來，也不知道賣不賣得掉」的情況，「東西做出來就賣得掉」顯然風險更低，出資意願也會比較高。

②成本合理且目前可行

即使制定了產品規格表，也簽訂了備忘錄，如果技術上無法實現，客戶也不會買單。因此，優良解決方案的第二個條件是**成本合理且目前可行**。

前面提過，好課題的條件之一是「可以用合理的成本解決」；而解決方案方面，能否在合理成本範圍內實現也至關重要。尤其使用的技術愈先進，實現預期性能的可能性往往愈低，成本也愈高，難以滿足條件。

服務業也一樣，好比說旅館為了提供優良的住宿服務，可能需要聘請一百名員工，但如果旅館無法負擔一百名員工的薪資，那也經營不下去。

③優於其他解決方案

如果存在多項解決方案，而且都能在合理成本範圍內實現並充分解決問題，這時就要選擇成本最低的解決方案。假設將整理票據等繁瑣的工作外包出去時，可以雇用人工或交由機器人處理，而且兩者整理出來的精準度差不多，這時自然要選擇成本較低的方案。每當新科技出現，引起社會廣大討論時，常會看到有人吹捧「這項新科技可以解決某問題」，但除非這項新科技比其他解決方案更優秀，否則也不會有人採用。

因此，一項解決方案必須能充分解決課題，也能以合理的成本實現，還要**優於比其他解決方案，才會受到採用**。

客戶在選擇解決方案時，會考量成本、方便性、適不適合自家公司的業務流程，還有重量、大小、取得難度等多種評估項目。就算某項技術或解決方案在某個項目特別厲害，只要有其他方面不足

顧客重視的項目優於其他競爭對手
其他項目也必須滿足需求

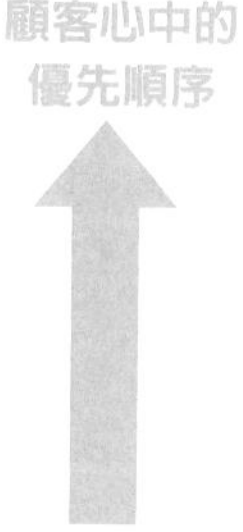

	自家公司	競爭對手1	競爭對手2
優點A	○	○	○
優點B	○	×	○
優點C	×	×	○
優點D	○	○	×
優點E	×	○	×
優點F	○	○	○
⋮	⋮	⋮	⋮

以充分解決問題，和其他選項比起來就會相形見絀。比方說，某項解決方案從性能和成本的角度來看都是最佳選擇，但顧客後天就要，供應方無論如何都無法趕在後天交貨，那它肯定會被排除在顧客的選項之外。因此，你提出的解決方案必須**具備綜合優勢，充分滿足顧客重視的各個面向**。

驗證一項有望解決某課題的新技術時，上述的比較觀點特別重要。因爲新技術通常還不成熟，性能比現有的替代品低，成本卻更高，即使多少能解決問題，也多半不比現有產品來得優秀。

面對這種情況，人們往往傾向繼續研發，努力「提高性能」或「降低成本」。如果該技術在必要的評估項目下無法充分解決課題，那確實需要繼續投入研發，不過同時也應該**積極尋找與現有替代品不完全吻合的課題或評估項目，以及能創造不同於現有產品價值的領域**。

例如，電腦的固態硬碟在容量方面可能無法匹敵傳統硬碟，但在速度、抗衝擊性和低功耗等方面都占了優勢，因此現在幾乎所有筆記型電腦都安裝了固態硬碟。

常聽到一些公司推銷自家開發的新技術時表示「這項技術能解決各種問題」，不過仔細聽下去，十之八九會發現：

- 該技術只有擦到課題的邊緣，課題與解決方案的適配程度很低，不如其他解決方案。
- 該技術在顧客不重視的項目勝過其他解決方案，但在顧客重視的項目卻不及其他。

要成爲顧客心目中的優良解決方案，除了在顧客重視的評估項目中勝過其他選項，其他項目也必須充分滿足需求。

優良解決方案的三個條件看似理所當然，但重新梳理過便會發現，**解決方案的好壞深受課題左右**。我再次強調，在提高解決方案的解析度之前，務必確實提高課題解析度。

若一項解決方案
只能解決各個課題的一小部分
就不會被採用

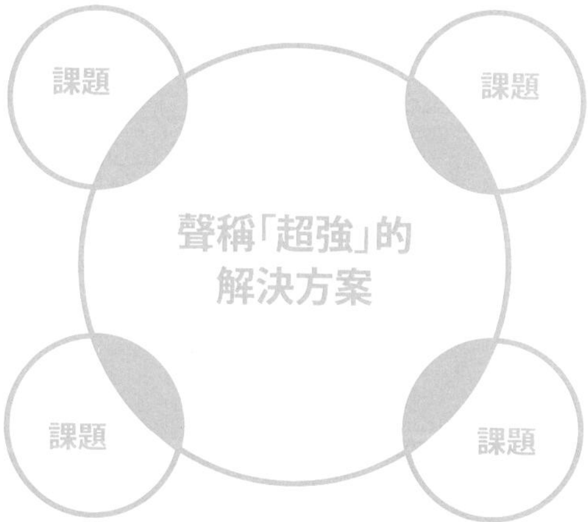

接下來，我會分別從「深度」「廣度」「結構」「時間」四個觀點，講解提高解決方案解析度的方法。由於很多提高課題解析度的思維，也適用於提高解決方案的解析度，各位不妨隨時參照前述介紹的方法。以下會將重點擺在前面沒提過的內容，而且是與解決方案更加相關的範本。

從「深度」觀點提高解決方案解析度

從「深度」觀點提高課題解析度的技巧，例如言語化和調查，也能提高解決方案的解析度，不過本章會介紹更多先前沒提及的方法，像是「新聞稿」這種外化方法、「How」這種促進思考的提問，還有「精進專業」「用手思考」「用身體思考」等蒐集資訊與行動的技巧。

撰寫假想新聞稿

「言語化」不只有助於提升課題解析度，在深入探討解決方案時也很重要。釐清現狀，是將解決方案去蕪存菁的第一步。

據說亞馬遜公司**在開發產品或服務之前會先撰寫發表用的新聞稿**，意即用言語表達解決方案。當你冒出新產品或服務的點子時，請嘗試模仿亞馬遜，參照以下格式撰寫新聞稿[1]，確認解決方案目前的解析度，理解其中的意義和不足之處。

- 標題
- 副標題
- 摘要
- 課題
- 解決方案
- 開發者意見
- 如何開始
- 顧客意見
- 結語和行動呼籲

我們逐一細談各個項目怎麼寫。假設你現在要替某項新產品或服務撰寫新聞稿，首先要寫下整篇新聞稿的「標題」，盡量寫得淺顯易懂；接著「副標題」的部分，用一句話描述誰是顧客，以及他們可以獲得的益處；「摘要」則是用一篇短文，幫助缺乏背景知識的讀者快速理解產品的概要和益處；「課題」的部分說明產品欲解決的問題；「解決方案」的部分解釋產品如何解決問題；「開發者意見」的部分可以加入開發者的研發初衷與評論；「如何開始」的部分則說明如何開始使用產品。然後想像顧客使用後的感想，寫下「顧客意見」；最後在「結語和行動呼籲」做個總結，並提供後續行動建議。

物聯網通訊平台 SORACOM 的創辦人玉川憲回憶道，他當初離開亞馬遜，創辦這家公司時，也是從撰寫新聞稿開始[2]。他於二〇一四年創立 SORACOM，二〇一七年被ＫＤＤＩ以約兩百億日圓收購，這筆收購價格無論擺在當時或現在，都是日本最大規模的收購案；而一切的開頭，都來自言語化的行動。

請注意，新聞稿與簡報不同。由於簡報可以一次做出好幾頁，所以很多人誤以爲簡報能傳達較多的內容，但其實簡報只適合用來傳達簡單的概念，或輔助自己口頭發表，並不適合深入探討。確認解決方案的解析度或探討細節時，還是建議使用新聞稿這種注重詳細內容與邏輯的文章形式。

與提高課題解析度時相同，寫文章時必須特別留意**避免使用像「優異」「最好」等**

誇飾修辭或不必要的形容詞、副詞，還有自己圈子裡的術語，這樣寫出來的文章才會淺顯易懂，也能清楚傳達你要做什麼。如果只寫「提供使用者體驗優異的應用程式」，別人也看不懂你想做什麼。

必須試著**寫出解決方案獨一無二的強項。如果讀了自己寫下來的東西，覺得「這個解決方案也太理所當然了」，可能就是因為深度不足**。理所當然的解決方案往往肇因於對課題鑽研得還不夠，因此碰到這種狀況時，我會建議重新檢視課題。

持續問How，拆解可行細節

前面談論鑽研課題時，我建議各位連問自己五次「Why so」，這裡我也建議大家**不斷詢問自己「How」（如何），挖掘解決方案的細節**。設計思考也透過不斷追問「How might we…?」（我們要如何達到……？）來激發創意。一次又一次提出「How」，就能深入挖掘解決方案的細節。

例如，當你想到的解決方案是「推廣網頁應用程式」，先思考「如何推廣」，再提出更詳細的問題，進一步探討「如何讓目標客群得知這個應用程式」。假如其中一個答案是在社交媒體上宣傳，則繼續用「How」抽絲剝繭，思考「如何在社交媒體上有效宣傳」「如何製作適合的宣傳圖」等等，再從最後發現的選項中，選擇比較有效且可行的方法執行。總而言之，請**不斷追問How，挖掘至實際可行的階段為止**。

精進專業，發掘新方法

言語化與不斷追問「How」的過程，勢必會碰上某些需要專業知識的情況。假設某項解決方案需要使用特定剛性的金屬，而你缺乏金屬技術的相關知識，恐怕難以選擇合適的金屬。

想要深究解決方案，最直接且有效的方法就是學習專業知識。尤其現代幾乎所有領域的課題都變得更加複雜，不太可能像以前一樣可以當個通才，在短時間內掌握要點，迅速學

不斷追問
直到找出可行細節

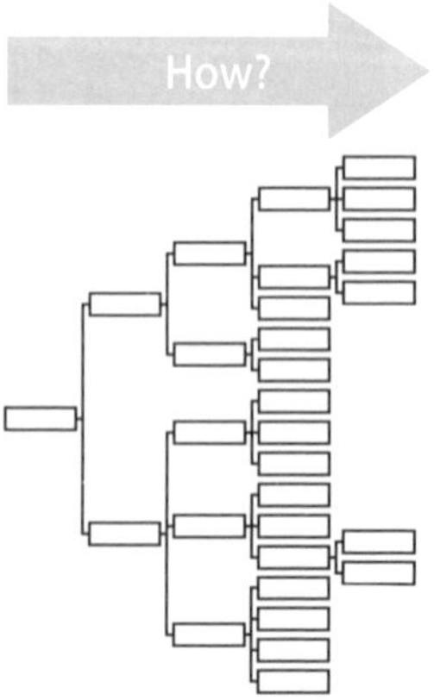

成，提出解決方案。很多問題也不是光有優秀的思維就能解決，過度依賴或期待這些思維反而會造成負面影響，例如減少我們提升專業能力的時間，拖延解決課題的進度。想要解決課題，必須擁有一定深度的專業知識。

學習最先進的知識，也有機會解決過去無法解決的課題。比方說，你讀了最新的電腦科學論文，發現過去需要龐大計算量的課題，如今已經能用合理的計算量解決，便有機會將這項發現打造成一番事業。如果你懂經濟學的市場設計，創造優秀市場的可能性也會提高。

一般來說，知識都是日積月累的結果，即使進步幅度緩慢，能解決的課題也確實在增加。若能察覺這種穩定進步的徵兆，並找出最大限度發揮解決方案進步幅度的課題，就能找到創造新價值的機會。爲此，一定要持續精進自己的專業。

除了關注近期的進步，也可以預測長期的發展。假設CPU的性能每年提升一〇%，預計十年後性能將增加爲兩倍，這時不妨稍微想像一下將來性能翻倍的CPU能做到哪些事情，現在又該採取什麼行動，或許就能察覺潛藏著巨大價值的領域。

精進專業知識雖然花時間，但效果很好，鼓勵大家不要嫌麻煩，持續追蹤自己專業領域的先進技術。

前面談課題解析度的時候介紹過「外化」，其實這項概念對於探究解決方案也很有效。解決方案的外化方法除了言語化，**還可以用手思考，即親手建立解決方案**。舉例來說，很多人學習 Excel 的函數時應該不會一直讀函數的功能說明，而是先從簡單的函數開始邊用邊學。同樣道理，不管你想到什麼樣的解決方案，**先嘗試建立一套原型就對了**。就算你做出來的應用程式、硬體、服務或物品和最終成品相去甚遠也沒關係，因爲光用腦袋能想到的東西有限，實際動手的過程會有許多意想不到的發現。如果做不出實際的東西，**也可以畫個草稿或製作模型**。請各位盡量嘗試將腦中的想法外化，動手實現。

曾經有硬體新創公司的創業者來找我諮詢，對方就是先從畫草稿開始，之後也做了模型，持續外化自己的想像。很多人可能會覺得，如果草稿與最終產品之間落差太大，畫了草稿也沒意義。然而，只要稍微動手過，就會有很多收穫，而且有了具體的東西，也更容易吸引其他人參與。實際上，這家新創公司在繪製草稿、製作模型的過程中，也逐漸找到志同道合的夥伴，大家同心協力製作零件、組裝，最終也做出了原型，並成功吸引投資人出資。

以《設計的心理學》一書聞名的認知科學家唐納・諾曼曾說過：「不要設計思考，要設計行動。」[3]設計思考是彙整設計師行爲模式和規律而成的體系，其中必然包含動手製作的過程，然而人們往往只注意到設計師的「思維」，反而忽略了「動手」這個重要的部分。設計思考可不是只待在工作坊討論想法，重點是付諸行動。提升解析度時，也別只是坐而言，也要起而行。

實際動手製作東西，與單純的體驗或消費截然不同。舉例來說，YouTube 流行以來，年輕人剪輯影片的手法和概念都有長足的進步，可能是因爲公開影片的機會變多了，實際攝影、剪輯的機會也跟著變多。如果光用看的就能提高剪輯能力，那麼習慣看電視的上一輩，剪輯技術應該也不會輸給年輕人；然而事實並非如此，這就代表單純消費並不能提高創作的概念和技能。

如果動手製作上有困難，我建議**拆解你想參考的產品**，這比從零開始動手思考容易一些。可以嘗試拆解手錶這類精密機械或電子設備，或查看網頁的原始碼，試圖理解他人創造的東西，可以學到許多東西。

這裡有個重點，拆解過程中要去思考「爲什麼」。**「為什麼設計成這樣？」「為什麼要用這個零件和這個螺絲？」追蹤製作者的思維，有助於提高解決方案的解析度**。

許多ＩＴ公司會將產品與製作過程以簡報的形式公開，閱讀這些資訊也能提高解決方案的解析度。

鑑賞畫作有一種方法，是在三十秒內速寫自己看到的內容[4]。這樣遠比單純觀看一幅畫更能了解畫作細節，好比覺得哪個部分比較難畫，自己的速寫與畫作差異何在，又爲什麼會有這種差異等等。動手重建自己的觀察，也能加深對事物的了解。看電影也一樣，如果看到感動的片段，不妨嘗試模仿拍拍看，體會構圖和拍攝的困難，了解創作者的意圖。

想提高解析度，我們要經常自問：「**我最近有沒有好好用手思考？**」

用身體思考

除了用手思考，**用身體思考**也能發現許多事情。

當你想出某個解決方案時，可以**想像產品已經完成，演場戲模擬使用情境**。這麼一來**就能輕易找出使用情境和解決方案上的缺失，並加以改善**。

開始演戲前，可以先畫一張包含起承轉合的四格漫畫或分鏡，演起來比較有方向。分鏡包含：①**需要用到該製品或服務的情境**、②**課題**、③**解決方案**、④**顧客得到的結果**。很多人會覺得演戲很尷尬而不願嘗試，但這種方法其實一個人也能輕易做到，還能獲得許多啓發，所以非常推薦各位嘗試。

如果想要更進一步的人，也可以**嘗試拍一部宣傳影片**。想像在拍一部篇幅較長的廣告，用三十秒到一分鐘的影片介紹自家產品或服務。如果設定時間超過一分鐘，內容可能會太冗長，難以統整重點；但也不能像電視廣告那樣只有十五秒，否則時間可能只夠傳達產品的形象。

拍片時必須清楚自己要表達什麼，因此能促使我們站在第三者的觀點思考。而且，這還是一種**不同於言語化的外化方法**，可以揭露解決方案的不同面向。再者，影片拍好後還能當作促銷工具用於許多場合。現代智慧型手機和運動攝影機如此普及，拍攝影片的門檻大幅降低，人人都能輕易嘗試，甚至還有 DaVinci Resolve 之類免費但功能優秀的影片編輯工具，在智慧型手機上就能輕鬆剪輯影片，各位務必嘗試看看。

摸透競爭產品也算是「用身體思考」。前面提高課題解析度的「廣度」部分已經推薦過這個方法，而這在深入探討解決方案的時候同樣好用。

前面談論過「動腳思考」對深入探討課題的重要性，而深入探討解決方案時，靠腦袋思考固然重要，但搭配用手、甚至用身體思考，效果更好。思考與身體行動息息相關，所以呼籲各位不要光用腦袋思考，也要用手、用腳、用身體思考。

解決方案的「深度」總結

- □先利用言語化確認自己目前的解析度。將解決方案寫成一篇新聞稿是個好方法。
- □持續提問「How」，深入探討解決方案。
- □精進專業，察覺更好的解決方案，還有機會發現需要解決的新課題。
- □用手、用身體思考，進一步加深理解。嘗試製作產品或服務的原型，並演戲模擬使用情境，或是摸透競爭產品。

從「廣度」觀點提高解決方案解析度

從「廣度」觀點提高課題解析度的方法，同樣也能用來提高解決方案的解析度。例如試著切換鏡頭，使用競爭產品，以及擴大視野，重新決定要鑽研的部分，這些方法對於解決方案來說也很重要。

這一節主要會介紹增加解決方案選項的方法，包含以下四個範本：「增加可用工具」「向外蒐集資源」「分配資源在探索上」「思考解決方案的眞諦」。

增加可用工具

有句俗諺說「一個人手裡只有槌子，看什麼都是釘子」，意思是人如果過於執著特定手段（槌子），碰到什麼問題都只會用該手段處理。很多技術人員也有這種狀況，一旦學到最先進的技術，就會嘗試用該技術解決各種問題。別說是技術人員，我相信很多人剛學會某個新詞彙或新概念時，也會不經意過度使用。

這句俗諺通常是貶意，不過也可以反向思考，如果我們手上不只有一把槌子，而是有很多工具，就有機會看見許多「其他工具能解決的問題」。擁有愈多不同的工具，就擁有愈多觀點，換句話說，就擁有愈多「鏡頭」。

舉例來說，如果你懂 Excel 的巨集，或許就會發現某些事情可以讓電腦自動處理。雖然巨集也不能濫用，必須看課題適合不適合，但掌握這些解決方案至少就會意識到某些重複性太高的工作（課題）可以自動化處理。再舉個例子，熟悉政策相關知識的人面對「擴大事業」的課題時，自然會想到從規則制定的層面著手，但不熟悉政策的人恐怕連想都想不到；即使想到了，也不知道執行上有多困難，因此無法落實。**熟悉更多解決方案，才會意識到哪些問題可以解決**。

知名化學廠商3M擁有便利貼等多項專利，而某項針對3M內部研發情況的研究，將開發人員分為三種類型：「專家」「通才」和「博學者（至少對一個領域擁有深度了解＋對其他領域亦見多識廣的人）」。研究發現，博學者最有可能提出創新的想法並獲得榮譽獎[5]。

另一項關於專利的研究則指出，在不確定性較高的領域，專利的實用性良莠不齊，而優良專利大多來自經驗豐富者率領的團隊[6]。而某項關於暢銷漫畫家的研究指出，畫過多種題材的漫畫家，更容易創作出商業價值價較高、較新奇的漫畫[7]。還有一項研究發現，一篇論文若同時引用了某些通常不會一起被引用的期刊內容，該論文日後被其他人引用的次數更高[8]。總而言之，見多識廣的團隊，發表出色論文的機率比較高。據說許多獲得諾貝爾獎的科學家，對和科學不太相干的藝術領域也很有興趣[9]。**多增加一些與課題領域差異較大的觀點或手段，或許也是找到全壘打級解決方案的方法之一**。

想要擴大解決方案的範疇，也可以運用第四章介紹的**調查**、**加入社群**等方法，尤其可以**調查最先進的技術**，或許就能發現有用的新技術。就商業面來說，**多了解成功和失敗的案例**也是件好事；如果能加入不錯的社群，也更有機會獲得與眾不同的資訊。

前面談論課題的「廣度」時，我提到「與人交談」的好處，而這對提高解決方案的解析度同樣有效，甚至比提升課題解析度的效果更好。畢竟只要稍微了解一點解決方案，就會立刻知道適不適合自己的課題。**告訴別人你正在思考的課題，也有機會從對方身上得到不同觀點的資訊或關鍵字，引導你找到解決方案**。想不出解決方案的時候，不妨嘗試與知識淵博的人或交遊廣闊的人進行壁球式對話。懂不懂得借助他人的力量，事關能否有效提高解決方案的解析度。

但請注意，增加廣度時，只有「知道」是不夠的。

想要順利解決問題，也要**懂得如何運用解決方案**。知道有槌子這項工具，和能靈活運用槌子是兩回事，通常我們也需要**實際用過才會知道自己技術上能做到什麼程度**。例如寫過一次程式，才會了解自己能寫到什麼程度，和自己擅長不擅長的部分。

就算只是淺嘗輒止，親身體驗和單純知道字面意義之間仍存在天壤之別。雖然稍微體驗無法了解事物的全貌，但正如先前在課題的「廣度」部分所述，「百聞百見，不如一次體驗」，體驗過東西用起來的感覺和特點，日後也更容易翻出回憶，加以應用。在拓展解決方案的範疇時，別忘記進行親身體驗。

向外蒐集資源

在擴增解決方案的選項時，**許多人容易將自己辦不到的事情排除在解決方案之外**，有意無意撇開無法獨力辦到或過於困難的事情，但這麼一來，解決方案的選項就會受限。很多時候，**「沒有」的東西只是「現在沒有」，但我們可以向外調度資源**。所以，我們不該以「現在沒有」為由放棄某個選項。

即便某項解決方案不可行的原因是「自己缺乏技能」或「沒錢」，也可以向外調度技術跟資金；創業者籌資就是一個很明顯的例子。創業者向投資人或銀行籌措資金，便能一下子擴張解決方案的選擇範圍，實現構想。

所以別因為「沒錢」而斷念，要抱著「有錢就能實現」的心態說服其他人，設法籌措資金。如果你是某公司新專案的負責人，可以向上級報告該專案的前景，爭取更多預算。如果缺乏技能，不妨向其他人分享你的想法，尋求具有這些技能的人來協助。如果缺乏資金，就籌措資金；如果人手不足，就呼朋引伴。**只要構想好，一定找得到出資人或幫手**。

根據哈佛大學創業精神研究權威霍華德．史蒂文生教授的觀點，創業精神就是「追求超乎可控制資源的機會」。以這樣的思維去思考解決方案，就能大幅拓寬選擇範圍，而拓寬解決方案的選擇範圍，能解決的課題也會變多，進而有辦法處理更大的課題。

相反的，如果沒有不惜向外蒐集資源也要解決問題的意念，只想著自己能做到哪些事情，創意也會變得狹隘。即使某個選項「因爲缺乏○○而行不通」也先別放棄，暫且保留選項，並轉念思考「只要有了○○就行得通」，甚至可以「向外蒐集○○」。擁有這樣的思維，就能看見更多解決方案的選項，提高解析度的可能性也更大。

分配資源在探索上

解決方案的廣度和課題的廣度一樣，只能慢慢擴大。因此，唯一的方法就是平常一步一腳印**持續探索**、**拓寬自己感興趣的範圍**。

人們往往會將資源投入在增加解決方案的「深度」，因爲提升專業能力或特定技能，回報比較具體，方法也很好理解。然而，即使付出再多心力探索，大多時候也得不到回報，乍看之下划不來，又沒有什麼保證成功的方法學，因此不會投入太多資源在探索上。

爲避免落入這個陷阱，我們應該主動分配資源在探索上。我建議**花整體兩成左右的時間和金錢用於增加廣度**。

Google的八二法則也鼓勵員工將二〇%的工作時間花在日常業務以外的工作或新專案上，這也是一種探索。這二〇%的時間最好花在與本業較無關聯、失敗率高但成功報酬龐大的事情上，這樣也較能妥善控制風險。

除此之外，嘗試不同領域的副業，或學習不同領域的專業知識也是個好主意，就算只是單純的興趣也無所謂。很多事情乍看之下和解決方案沒有直接的關聯，但持續投入時間增加廣度，總有一天會派上用場。

思考解決方案的真諦

思考解決方案的眞諦，我們將可以看見解決方案的更多面向，了解該解決方案眞正的功能。

假設你發現「名片整理很麻煩」（課題），並想到可以「將名片掃描後數位化管理」（解決方案），這不僅解決了名片管理上的麻煩，仔細思考後還會發現其他好處。

首先，名片數位化之後更容易與同事共享客戶資訊，每個人的人脈狀況也能看得一清二楚，業務合作上更容易，或許還能減少與業務本身無關的瑣事，例如「想要聯絡新客戶時，還要先問出公司內可能認識該客戶的人」，進而提高整體業務效率。此外，系統或許還可以將公司名稱自動連結到公司詳細資訊，提供潛在客戶可能面臨的課題，改善業務活動的品質。所以，有時看似單純的解決方案（名片數位化管理），其實還能解決更重要的課題（改善業務效率與品質）。

如果沒有這樣的思維，只想著要改善解決方案，那麼針對「名片管理很麻煩」的課題，我們可能只會設法改善「掃描並數位化名片」的效率，比如提高掃描的方便性和速度。但如果有意識解決方案的眞諦，便有機會看見改善方法或解決方案的更多面向，抓住更大的商機。

某些解決方案可能還潛藏著提案者始料未及的可能，一旦察覺其中的可能，解決方案的範圍就會朝著意想不到的方向擴張。

鼓勵各位定期自問：「這個解決方案眞正的意涵是什麼？」「如果這個解決方案順利解決課題，會發生什麼事情？」「這個解決方案眞正解決的課題是什麼？」「這個解決方案眞正能創造的價值是什麼？」像這樣思考，就有機會發現潛藏其中的重大問題或解決方案的眞諦。

解決方案的「廣度」總結

- □ 學習更多工具，增加解決方案的知識並熟悉運用的方法。如此就能察覺自己有能力解決的課題，還有機會找出全壘打級的解決方案。
- □ 與人交談，就有機會獲得解決方案的啓發或關鍵字。
- □ 追求超出自己能力範圍的選項，善加利用外部資源。
- □ 平時就要投入時間和金錢進行探索。
- □ 思考解決方案的真諦，摸索解決方案的其他可能。

從「結構」觀點提高解決方案解析度

前面談到「釐清結構」可以提高課題解析度，而**「建立結構」則可以提高解決方案的解析度**。

解決方案的結構，規範了其中的人與物如何運作。

以日本國會爲例，爲了讓代表國民的議員相互辯論，追求更完善的國家政策（課題），便形成了現在這套執政黨與在野黨壁壘分明的系統（解決方案）。雖然民眾經常抱怨在野黨質詢時只會作秀，但這其實和日本國會嚴格的黨紀結構有關[10]。這樣的結構，使得日本國會成了由執政黨向在野黨和國民解釋黨內通過法案的場合，導致國會的審議流於形式，即使經過討論，在野黨也幾乎無法落實意見，因此只能像作秀一樣大力抨擊，逼執政黨撤銷法案，才能在國民面前展現自己的能力。換句話說，是結構限制了議員的行動模式，甚至規範了國會這項解決方案的運作方式。

需要注意的是，即使擬定解決方案時沒有刻意組織結構，其本身也必然形成一套結構；但這並不意味著該結構是恰當的。好比說知名建築師設計的建築和新手設計的建築都有結構，但兩者的穩固性和美觀度卻有高下之分，兩方因應土地面積和法規限制的靈活度也不同。商業上也一樣，老手和新人製作的投影片都有結構，但易讀性卻有差距。**正因為結構必然自動形成，所以我們更應該費心建構效益良好的結構**。

解決方案的結構是一套系統

解決方案的結構也是一種系統。正如第五章所介紹的，系統是由多種要素相互作用下構成的完整機制，例如智慧型手機是由螺絲、晶片、作業系統等要素組成的系統；軟體也是元件依一定邏輯連接組成的系統。

提高課題解析度時，重要的是理解系統，但提高解決方案的解析度時，則需要自行建構系統。

建構系統時，必須清楚意識到**建構系統的目的，也就是要解決的課題**。人總會在不知不覺間對系統設計的美感鑽牛角尖，一旦掉以輕心，就容易過度追求建築外觀和結構的美感，結果蓋出無法居住的建築。所以，我們應不時回顧建立系統的初衷，時時留意最根本的課題。以下介紹幾個建構系統的訣竅。

決定解決範圍

建立解決方案的結構（系統）時，應事先決定好不負哪些責任，**明確界定解決範圍**，這也是一種「省略」的手法。一套優秀的系統，能做與不能做的事情界線分明。

如果執意用一套解決方案解決所有事情，系統只會往複雜的方向發展。所以重要的是先分解課題，再決定要用什麼解決方案解決什麼課題。

一套好的系統必定存在弱點。例如策略是一種系統，而好的策略既具備特定的強項，也存在某些弱點；因爲策略本身就意味著不做某些事情（省略），所以那些不做的地方必然會形成弱點。舉例來說，策略上分配到較少資源的部分，就有可能衍生出風險。

組織也是一種系統，一定具有薄弱的部分，世上沒有一種組織的設計能完美滿足所有目的。一般來說，如果強調組織的生產力和效率，靈活度就會降低，也會喪失創造力；如果注重創造力和靈活度，則會降低業務執行上的效率，生產力也會比較低落。無論選擇哪邊，組織的成員都會抱怨「我們公司缺乏創造力」或「我們公司生產力很低」。但既然系統必然存在弱點，那麼出現不滿的聲音也是在所難免。**唯有真正好的系統，才能明確指出「這套系統在哪方面特別厲害，但在哪方面比較弱，不過這也是有意為之」**。

我們設計的系統，絕大多數都只是龐大系統中的一部分，所以一定要**判斷解決方案負責的範疇，劃清自己在龐大系統中所處的範圍，並避免干涉特定領域**。這非常困難，但也非常重要。

取捨還有其他好處，比如放棄某項價值或功能，減少投入的金錢和人力等資源，就能用多出來的資源創造其他附加價值。例如，理髮店 QB HOUSE 捨棄了洗髮服務，因此店裡不需要洗髮設備，大幅節省了開店時的施工成本，店面也不需要太大，甚至能在車站附近展店。於是他們提高了翻桌率，能以更低的價格提供服務，進而吸引更多顧客，形成良性循環。

削皮刀和蔬果切片器也是類似的例子。只要使用這些工具，不太會用菜刀的人也能以安全好幾倍、快速好幾倍的方法達到同樣目的。兩者雖然不如菜刀那麼萬能，但結構上更加快速且安全。原則上，我們幾乎不可能「用最便宜的價格提供最好的服務」。假設你打算經營一家優質旅館，並提供高水準的全方位服務，勢必需要增加人手，連帶價格也會上升。總而言之，經營事業需要懂得**權衡利弊，取捨要做什麼、不做什麼**。

不過度精緻化、壓低價格搶占市占率，也是一種放棄的策略。即使堅持高品質的規格，誇口「自己的品質和技術不輸任何人」，市場也不見得需要這種品質和技術。因此必須分析市場眞正的需求，找到符合需求的規格，並刻意放棄多餘的部分。

我們可以將服務水準設定在非常極端的級別，打破傳統的抵換關係，創造其他人難以模仿的結構。以前述例子來說，一般理髮店很難模仿 QB HOUSE 的模式，即使可以模仿低價服務等表面的部分，但想也知道結果就是顧客流失，導致經營不下去。

再舉一個例子，美國大型零售商沃爾瑪透過在便宜的郊區開店，構築了成本低廉的物流網絡，並減少店內服務人員，藉此降低商品售價。如果百貨公司想要模仿，卻又無法降低服務水準，恐將損及品牌價值，而且從人事費用等成本結構的角度來看，也幾乎不可能模仿。西南航空之所以能提供低成本航空服務，也是因爲策略上不在樞紐機場起降，限定客機機型等等，這種商業模式對主要營收來自國際航線的大型航空公司來說相當難以模仿。

想設定極端服務水準，首先要了解顧客想要什麼，意即課題解析度得夠高。就算解決方案再有特色，如果無法解決顧客重視的課題，就無法產生價值。

套用結構模型

建立結構時，不必自己埋頭苦幹，不妨借用前人的智慧。

建構軟體系統時，有一些模型可以參考，而商業模式也有很多種類型。懂得運用各式各樣的模型，建立系統時也會輕鬆無比。

假如解決方案是以文字或投影片的形式來呈現資訊，那麼金字塔結構就是可以運用的基本模型之一。套用這種結構，就能將表達的內容整理得條理分明。

一個漂亮的金字塔結構，首先應將特定主張或資訊擺在金字塔頂端，將支持該資訊的必需要素放在底部。如果底部的要素正確，金字塔就會很穩固；如果不正確，便無法支撐頂端的資訊，金字塔就會搖搖欲墜。

金字塔結構可視爲變形的樹狀圖，只是通常會畫成直的，不像邏輯樹那樣畫成橫的；其邏輯概念和金字塔的物理結構很像，都是下方要素支撐上方要素，所以理解上也很直觀。

我在寫這本書的過程也運用了金字塔結構的概念。我先用大綱編輯軟體列出想傳達的訊息，建立大致的架構，然後用一句話總結支持主要訊息的細小訊息，當作標題，組織全書架構；再用各項證據和故事來支撐標題，形成金字塔結構。

整理產品必需要素時，可以將最終成品放在金字塔頂端，往下層層分解該成品所需的各種零件和要素，逐步提高要素的具體程度，達到可以實行的地步，最後就會知道該從何下手。

商業模式也是一種結構的模型。有些書籍將成功企業的商業模式歸類爲五十五種模式[11]；而新創公司的思維和方法也存在一些模式[12]。多熟悉這些商業模式，創業初期

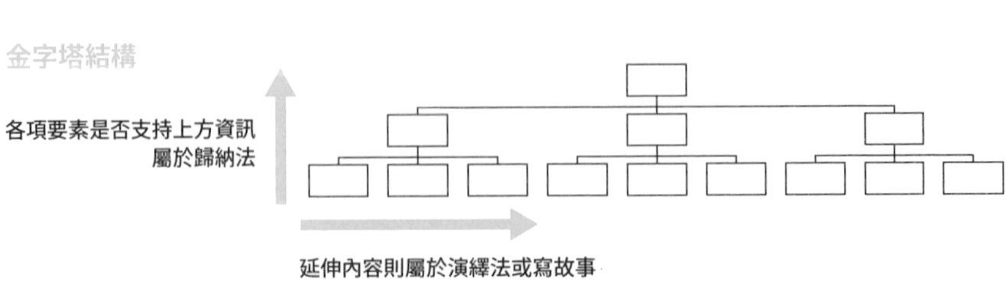
金字塔結構
各項要素是否支持上方資訊
屬於歸納法
延伸內容則屬於演繹法或寫故事

會輕鬆許多。

常見一些研究人員和技術人員因爲不了解商業模式，而無法將技術轉化爲商業。局外人看商業模式可能覺得很簡單，其實箇中道理相當深奧。**在研究和技術上花了多少心力調查，就要花同樣的心力澈底調查商業模式，如此必能獲得啓發，提高解析度。深入分析那些成功企業的事業結構，尋找其中特別重要的類型，或許還能應用在自己的事業上。**

假設你考慮建立人際網絡事業，也了解人力派遣服務或隨選服務等商業模式，你就會知道自己要從供應方還是需求方出發，以及如何提高兩者的契合度。

調查可以得到表面的資訊，但仍需要澈底分析並觀察細節才能發現重要的部分，所以也建議採取訪談等方法，多方位解析事業結構。

鼓勵各位了解打開各方面的天線，積極了解更多不同的模型。

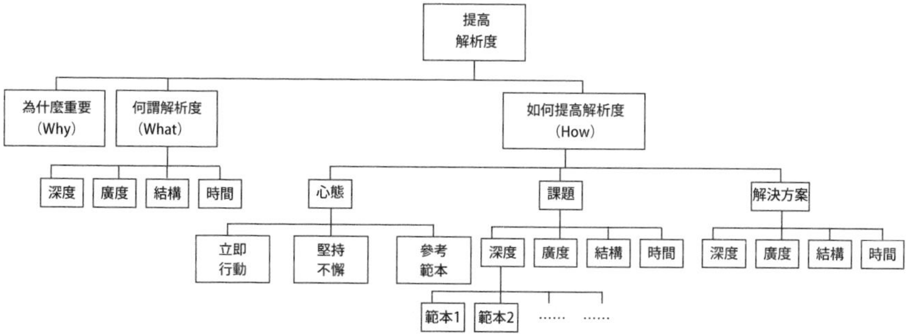

創造嶄新組合

套用模型能提高制定解決方案的效率，但如果碰上無法以現有模型解決的課題，就得考驗創意了。

這種時候，**必須設法創造新的組合**。許多新的創意都是由現有要素組合而成，即便是相同要素構成的系統，只要要素間連接的方式不同，就可能形成新的系統或創意。

系統即一群要素的集合體，各種要素相互連結且相互作用。要創造新的組合，建立新的系統，必須滿足兩項條件。

第一，**要了解大量的課題和解決方案**。這樣才能想出更多課題與解決方案的組合，以及解決方案與解決方案的組合，而其中可能就潛藏著新的組合方式。我在「廣度」的部分也鼓勵大家多學幾種工具，這個方法對於增加解決方案的可能組合也很有幫助。可用要素如果只有一點點，幾乎不可能創造出前所未有的新組合，所以我建議先了解更多要素。

第二項條件是**建立新關聯**。其中一種方法是善加利用思考法，強制拓展我們的思考，例如參考「奧斯本檢核表」的奔馳法（SCAMPER），即取代（substitute）、結合（combine）、調整（adapt）、修改（modify）、轉作其他用途（put other purpose）、刪除（eliminate）、反轉或重新排列（reverse, rearrange）；另一項類似的創意法TRIZ理論更提出了四十種創意發想的思維。

此外，像曼陀羅思考法和九宮格等填空型思考工具也能激發創意。有時候刻意施加限制，也能強行促成新關聯，例如「製作手機時不能加鍵盤」，便可能促成iPhone這種操作上以觸控爲主的新裝置。

但大多時候，空有思考法也不管用。摸索要素的新組合時，**必須意識到課題需求**，打個比方，「香菜咖哩鮮奶油抹茶納豆蕃茄杏仁星冰樂」是個很新穎的組合沒錯，但如果課題是「想喝好喝的東西」，這個組合也不可能滿足課題。

此外，想要有效連結各項要素，也必須對要素本身有一定程度的了解，因爲每種要素之間都有適合不適合的問題，不見得什麼都能湊在一塊。

發掘有效新組合的先決條件，是深入了解一個領域。例如，熟悉營造業的人只要稍微了解程式設計上的解決方案，或許就能找到輕鬆解決某些營造業課題的方法；但對營造業和程式設計了解都有限的人來說，恐怕沒那麼容易察覺兩者的嶄新組合。

構思新組合時也要注意一件事：**人們難以接受太新穎的組合**。某研究指出，複合主題太前衛的論文往往得不到太多關注[13]。人們對於太新穎的想法往往會感到奇異、危險、不適應，因此難以接受[14]。所以必須找到「熟悉」與「未知」的甜蜜點，才能創造出社會能夠接受的嶄新組合。

思考要素之間合適與否

除了尋找要素間的新關聯，也要留意現有要素間的配合度，因爲解決方案的創意不會單獨存在，**一定有一個最核心的想法，搭配周圍其他合適的要素，構成整個解決方案的系統。解決方案本來就很難無中生有，大多都是既有基礎新增其他功能或活動而成。**審視既有產品與資源之間合適與否，才能妥善運用。

假設我們要製造智慧型手機，並認爲將相機性能提高到極致一定會大賣，那麼，首先得挑選相機的零件，再尋找適合搭配這些零件的配件。由於相機部分投入了大量資源，礙於成本限制，可能得犧牲NFC功能和CPU的品質，又或是相機過大而無法容納其他零件；此外，該相機也可能無法使用某些相機應用程式，這時就要衡量各項要素間的合適程度，思考是否還要堅持使用那些相機零件，或是稍微降低性能以配合應用程式。

設計系統時，必須**權衡顧客追求的價值和期望的成果，編排合宜的相關要素**，過程免不了要考慮解決方案要素間的合適度。商管策略大師麥可．波特也主張，擬定策略的關鍵之一在於使一切能創造附加價值的活動相輔相成。他也提出一項整理要素間關係的工具，稱作「策略活動系統圖」[15]。

下圖爲宜家家居的策略活動系統圖。灰色圓圈代表宜家提供顧客的價值，白色圓圈表示實際的營運活動。每項活動都對其提供價值有所貢獻，而相互影響的活動之間畫線相連。宜家提供的「低價」「宜家風格設計」「商品馬上帶回家的喜悅」等價值與解決方案，都是由背後繁複的活動經過妥善結合、串聯而成。**要素之間重重相連，織成網絡，便能構成整體結構牢固的解決方案**。

掌握相關要素間的連結，也有助於找到自己在業界生態系中合適的定位。例如以電腦運作所需的硬體和軟體來說，Windows只是其中一項要素，但它也扮演了串聯整個系統的重要

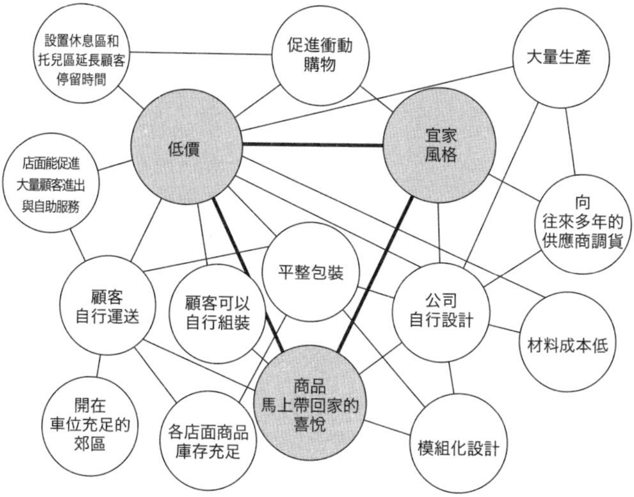

樞紐，因此在整個電腦業影響力非常巨大，甚至足以宰制其他參與者。**只要占據系統中的重要位置，對整個行業就有莫大的影響力**[16]。

割捨才能造就獨特性

「捨棄」是建立連結的關鍵之一，也就是不增加、不連結，甚至刻意解除現存的連結。

想要建構獨特的解決方案結構，除了增加要素，也要懂得「捨棄要素」[17]。對許多人來說，捨棄遠比增加困難得多，也因此**「割捨什麼」更容易展現出你的獨特性**。

以設定當季KPI的情況爲例，假設我們將營業額分解爲顧客數與客單價，又將顧客數拆成新客和舊客。這時候，很多人應該會傾向將目標設定爲「同時增加新客和舊客」，而不敢「專心增加新客數量，不考慮舊客」。但如果後者才是正確答案，那麼專心增加新客戶數量才能創造更大的成果。寫論文和書籍的摘要也一樣，都是透過捨棄大部分內容，提綱挈領，以便讓人短時間內理解內容；這甚至可以稱爲一種創作。

科學期刊《自然》的一篇論文指出，許多人無法選擇需要捨棄的解決方案[18]。該實驗如下頁圖所示，試問：怎麼做才能使樂高積木的天花板更加穩定？選項有兩個：裝上新積木增加支柱或拔掉凸出來的積木。在這項實驗中，受試者在選擇前已經得知兩種方法的成本，且裝上新積木的成本較高，然而許多人仍然選擇裝上新積木。

比起減法，人們似乎更喜歡加法。正因如此，我們必須提醒自己要思考減法的可能。雖然像《從0到1》[19]這本闡述新創公司思維的著作暢銷全球，但或許積極思考如何做到「從1到0」，才能打開想像。

即使是做簡報之類的日常事務，也能藉由「捨棄」梳理結構。例如將整張圖表做成灰色調，只在想要強調的部分上色，這樣就能清楚呈現內容重點，甚至還能透過強調色與文字顏色的搭配加強表達效果。

舉一個反面例子，很多公家機關畫出來的政令宣導圖都塞了太多資訊，民眾經常

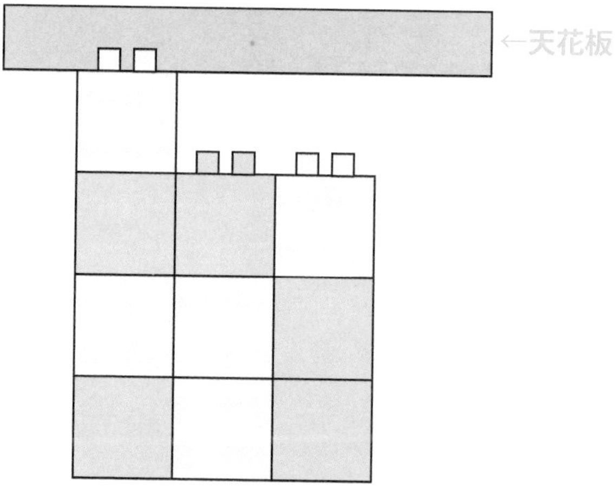

抱怨根本看不懂。這是因爲在他們製圖過程中，主管認爲「這個也很重要」「那個也很重要」，結果什麼東西都塞進去，導致整張圖愈畫愈複雜。這種盡力傳達正確資訊、難以「捨棄任何東西」的圖，也反映了公家機關的組織文化。由此可見，說明資訊過多反而讓人難以理解結構。

我們有時會用「結晶化」來形容將事物去蕪存菁的過程。面對事物，要觀察入微，提取要點，並削減累贅，才能打造出結晶般稜角分明的美麗結構。提高解決方案的解析度時，也請留意結晶化的概念。

解決方案解析度夠高，就能在考量衆多想法後適度取捨，留下「少數幾項該做的事情」。但千萬別因爲事情少而偷懶，反而要投入更多心力在剩下的事情上。

注意限制條件

建立解決方案的結構時，**必須注意限制條件**。

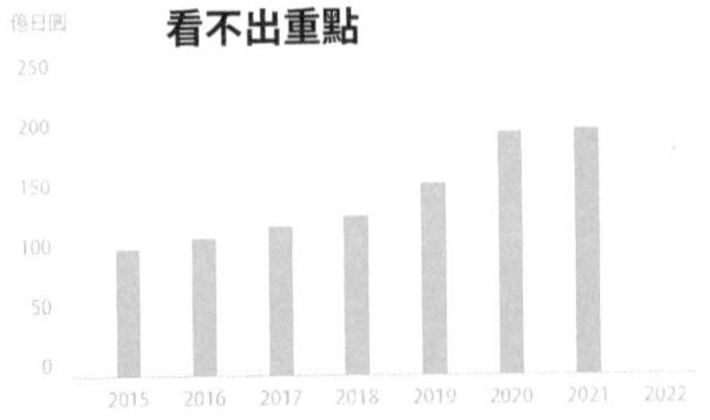

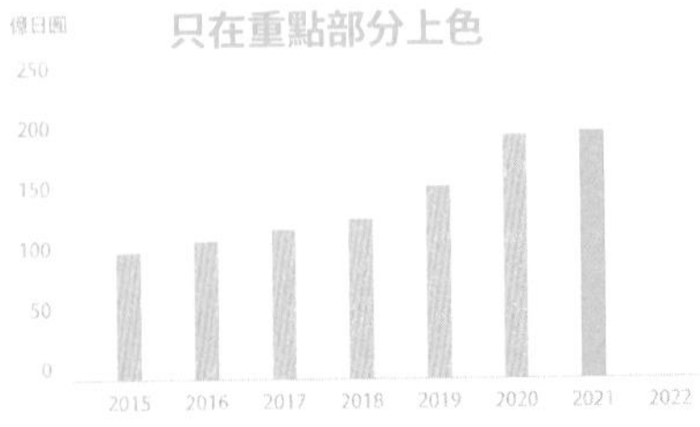

最明顯的例子就是預算，假如預算有限，就必須在預算內擬定可行的解決方案。某些資訊系統出於安全上的考量，也會有無法使用的情況。儘管有時也要審視一下限制條件到底成不成立，但假如眞的無法解除限制，就必須在限制範圍內構思解決方案。新創公司需要在短時間內快速成長，這也是一種限制，爲此必須發揮異於常人的創意，甚至逆勢行動。此外，法律制度和規範也算是一種限制條件。

限制條件即系統規定不能做的事情。有了必須遵守的限制，系統方能維持其一致性和特色。以Excel試算表爲例，只要限制在特定行列中輸入數字，就能輕鬆算出該行列的數值總和。

此外，也可以自行設定限制方針以維持成品的一致性，例如**制定設計方針確保成品的美觀**、**制定開發方針確保產品的可維護性**。如果做簡報前制定用色方針，就能確保簡報設計的一致性，一旦選擇上有障礙，也可以回顧方針，做出合適的判斷。

前述的樂高實驗提到，人們習慣增加東西更勝減少東西，然而這只會讓系統變得更複雜，還有某些功能重複，反倒變得更加脆弱。因此，我建議各位自行設定一些限制條件，積極「割捨」。物理系統會受到重力等物理條件的限制，因此我們的選擇自然會受到牽制，但軟體系統和商業機制就少了許多物理上的限制，一不留神，我們很容易愈加愈多，將系統變得更複雜。

至於「**保留突出的特殊性**」也是一種限制。**過於追求整體系統的縝密，不加取捨，以至於喪失特點的解決方案反而會落入俗套**。舉例來說，QB HOUSE藉由捨棄洗頭服務，打造出提供便宜快剪的系統；如果他們放棄這項特色，過度改善店內環境，不僅會增加成本，也會失去快剪這項突出的特殊性。「環境舒適」聽起來是好事沒錯，但在某些服務性質下可能會與現有要素相牴觸。

平衡翹翹板兩端的方法很多，比如將所有重物設定成相同形狀並均勻分配在兩端；但有的時候，將特殊形狀的重物隨意分散在翹翹板上也能達到平衡，只是看起來有點詭異。善於模仿他人做法的人，往往容易失去自身系統的特色，下意識追求表面上漂亮的平衡。然而，獨樹一格的特色應該視爲一種限制，我們應該依此建立出獨特的系統。

某些情況下也可以**擺脫限制，創立新系統**。好比你向外募得一筆資金，就能擺脫預算的限制。規則、法律、規範都是人爲產物，如果已經不合時宜也可以改變；某些技術上的限制，也可能隨著時代進步而消失。請各位記得，限制條件並非定數，我們可以設法跳脫前提的拘束。

如果單一系統無法解決問題，可以嘗試串聯多個系統，提高整體解決能力；意思就是建立系統體系。適度限制（簡化）單一系統的功能，讓該系統更容易運用於其他地方，維護管理上也更輕鬆。

決定自己在行業價值鏈中的負責範圍，專心發展該部分的能力，其他部分的課題則與其他企業合作解決，這也是一種系統體系的思考。舉例來說，比起生產糖果、包裝、銷售一條龍包辦的企業，專門包裝的公司反而能以更低的成本做出更好的包裝；此外，他們的包裝能力還可以應用於糖果以外的產品包裝上。雖然只從事價值鏈上的某一部分會使自己成爲行業中的子系統，但好處是能提高自己的配合度，輕易**串聯其他行業（系統）**。

此外，也要思考**解決方案在社會系統中的定位**。解決方案必然包含於現有社會系統，因此我們必須去理解其他相關的系統，與之協調，並且考量人、企業、制度和社會規範等各項要素之間的相互作用；某些情況下，可能還需要主動影響社會，改變制度或規範等外部要素（這方面的方法學，收錄於筆者先前的著作《實裝未來》[20]）。

現代社會，各種要素錯綜複雜，企業在設計系統時都應該留意系統體系。儘管不容易，但只要建立與社會相容的解決方案，便能占據極大的優勢。鼓勵各位勇於嘗試。

應對系統發生的意外狀況

即使系統在設計階段沒問題，實際完成後，通常也不會如預期地順利運作。就好比建築設計圖看起來沒問題，實際落成後也比想像中的牢固，但室內卻比預期的還要寒冷，或臭得無法住人云云。又或是你照著設計圖完美組合零件，做出一支智慧型手機，實際測試後卻發現某個零件會發熱，影響到旁邊的零件，導致手機運作一下正常、一下不正常。

有時不只是無法正常運作，**甚至會出現意料之外的副作用**。例如，二戰結束後，日本為了方便調度建材調度，實施計畫性造林，大量種植杉樹。殊不知後來國外的木材更便宜，導致日本國內留下大量杉樹，造成花粉症患者增加等意料之外的影響。

系統實際建立後，往往會出現不符預期、甚至始料未及的狀況。

尤其當**不同系統互相連結時，更容易發生意外狀況**。假設有一套系統會在股價低到某個程度時賣出日圓，另一套系統則是在日圓貶值時自動賣出股票，如果兩套系統一起運作，當股價低到某個程度時，可能就會產生一連串日圓貶值和股票下跌的連鎖反應。有時候，系統單獨運作時能穩定達成目標，但與其他系統連結後就會產生連鎖反應，致使整個系統體系變得不穩定。

沒有人一開始就能設計出完美的系統或系統體系，也不可能將所有外部因素與影響一網打盡。而系統設計得愈複雜，愈容易發生設計時沒有預期的狀況。然而，現代解決方案的複雜程度超乎以往，因此這種狀況的發生機率也比以前高出許多。

正因如此，系統必須持續改進。勉勵各位**實際建立系統並進行測試，修正錯誤**，不要一直停在設計階段。爲此，設計系統時也應保留一些彈性空間，以便後續進行修正。

也容我提醒各位，雖說意外無可避免，但千萬別因此認定設計系統也是徒勞。如果你設計的系統沒有目的，系統本身也不會有意義。這就好比蓋房子不畫設計圖，只靠當下的直覺建造，那這棟房子總有一天會倒塌。沒有事情是一定需要或一定不需要，世上也許不存在完美的系統，但我們依然能創造更好的系統。請各位抱著這種想法，積極設計與改善系統。

寫故事

前面我一直在談如何建立結構，而且基本上都是合理的結構。然而，人不會只因爲事情合理而行動，我們必須**說之以理，又動之以情**，才得以落實解決方案。換句話說，我們要**將事物編織成故事**。

構思故事時，可以參考很多古典故事的結構。據說故事都有某些固定的結構，自古也有不少解釋故事原型的著作，如普洛普的《民間故事形態學》[21]和喬瑟夫．坎伯的《千面英雄》[22]。好萊塢電影的劇本公式也是衍生自這些故事的原型，也經常參考克里斯多夫．佛格勒、悉德．菲爾德和羅伯特．麥基[23]等人的劇本指南著述；日本也有大塚英志[24]撰寫的知名著作。只要遵循這些故事模式建立結構，就能輕易傳遞想法，甚至扣人心弦。

違背觀眾的期待，也是寫出好故事的一種方法。首先利用約定俗成的情節或致敬要素引人入勝，再刻意打破觀眾的預期，就能創造驚喜，在觀眾心中留下深刻的印象。不過這種方法有個前提，必須精通該類型故事的模式與慣例。

商業上，你也可以先出示一些尋常的市場數據，讓客戶知道你了解現況，再來個出其不意，提出他們意想不到的重大課題或數據來製造驚喜，引起對方的興趣。新創公司在提案時，若能以「獨到的見解」違背聽眾的期待，聽眾就會一口氣掉入你的故事。以產品來說，這就是所謂的魔幻時刻，即顧客對產品核心體驗感到新奇的時刻。在產品中設計這樣的體驗，就能替產品創造故事。

仔細構思能感動對方的故事，結構的功能將會提升數倍。因此在建立結構時，請嘗試結合理論和故事。不過故事的力量很強，使用上必須特別小心，千萬不要只挑好的地方講，寫出過於天真的美好故事。

先畫下潦草的結構

前面談的都是已成形的結構，但很少有人一開始就能看清解決方案最後的完整結構。大多數人起初只看得見朦朧的影像，隨著過程才慢慢看清楚結構，也可能中間突然意識到完全不同但更好的結構。我在寫這本書的過程也調整過好幾次整體大綱的結構。

因此，一開始先畫下潦草的結構，之後再取捨也是一種方法。

製作投影片時，也最好盡可能推遲實際製作的環節，先拿張A3紙，大略畫出十六個格子，寫下每張投影片的資訊大綱，畫上圖表的初步構想。重點是畫得潦草一點，這樣之後丟掉才不會心疼。

我自己製作投影片時，也習慣每張投影片先寫下一項資訊摘要，圖表也草草畫一下，先檢查整體結構。

這一步的重點是愈草率愈好，不能只是「之後丟掉也沒關係」的程度，最好草率到讓你產生「**之後絕對不能留下來**」的想法。如果不夠草率，但又不夠精緻，覺得食之無味，棄之可惜，最後反倒會留下一個莫名其妙的東西。

開發軟體時也是，爲避免東西做好後才發現根本沒有需求，開發人員一開始會先提出草案，驗證需求是否存在，然後再行修正，若有必要則從頭來過一遍。

話雖如此，只要善用知識與思維，還是能做出優良的設計。我之所以建議各位一開始草率一點是爲了求快，但速度與品質並非總是相悖的關係。如果你事先獲得足夠的資訊，並經過良好的思考，依然有可能十分快速地建立十分優質的系統。總而言之，**不要執著於完美的設計，先動手，再改進**，並且記得充分運用自己的知識。

但也有些情況比較難之後回過頭來修改。例如開發軟體時，一旦確定資料的結構，之後就很難更動最根本的部分。因此保險起見，可以多參考幾種模式，多詢問別人的意見，想清楚「什麼東西可以做得草率一點，什麼東西需要謹慎做決定」「什麼東西比較需要花時間思考」。話雖如此，很多人還是將風險看得太重，遲遲不敢行動，所以基本上我還是呼籲各位先草草動手再說。

解決方案的「結構」總結

□ 界定好解決的範圍。

□ 學習結構模型。金字塔結構是建立解決方案時最萬用的模型，日常生活中也可以嘗試用金字塔結構分析事物。

□思考要素間的配合度，建立連結，設法在重要的部分創造新的關聯。
□別忘了適度捨棄與省略。
□注意限制條件。
□考量自身系統與其他系統的連結。
□系統保留彈性空間，以便因應意料之外的狀況。
□說之以理，動之以情。寫出流暢動人的故事。
□先畫下潦草的結構，之後再慢慢修正。如果一開始就追求完美根本無從下手。

從「時間」觀點提高解決方案解析度

前面談到，提高課題解析度時，加入時間的概念方能顯示課題的變化、因果、程序和流程。而時間的概念在提高解決方案的解析度時也很重要，「結構」部分介紹的系統加上時間軸，還能進一步提升解決方案的完整性。

尋找最佳步驟

我們**通常無法一次解決所有問題，也很少有足夠的資源應付所有問題，必須按部就班，照順序逐一解決**。

電商霸主亞馬遜雖然起步時就擁有遠大的抱負，但並非一開始就瞄準整個電商產業下手，而是先從書籍電商跨出小小的第一步，因爲書籍既不會腐爛，也不需要大倉庫，再加上性質適合透過網路經營，以及具備長尾效應等等，所以他們才決定從書籍出發，逐漸擴大到CD等與書籍性質相近的產品，然後再擴展到生鮮食品，而後開放電子市集給第三方賣家使用，接著出借雲端架構……亞馬遜就像這樣，考量到時間因素，採取了逐步擴大解決範圍的成長策略。

像Salesforce和Instagram這樣的平台企業，許多都是從管理顧客、編輯照片等小功能起步。儘管某些企業一開始就規畫好未來藍圖，但要眞正成爲一座平台需要很長的一段時間，如果忽略這點，只看見那些成熟企業的現況，就想立即站在平台的立場上擬定解決方案，到頭來也很難吸引客戶，只會以失敗收場。

美國前總統艾森豪說過：「計畫（plan）毫無意義，但規畫（planning）永遠管用」。**提高解決方案解析度方法之一，就是制定計畫，按部就班**。

但也不是隨便一種計畫都行，計畫中的每一個步驟都需要具備足夠的說服力，必須按照時間編排順序。這時就得仰仗你對未來的解析度了；如果你無法充分解釋為什麼按照這個順序解決的效益最大，就代表你的解析度還不夠高。優秀想法的條件之一，正是要能以理服人，例如：**一開始解決的問題看似很小，其實潛藏著非常大的價值。因為起了這個頭，未來就能如何逐步解決更大的問題，所以這是最好的第一步。**

「第一步」可能包含你從什麼角度開始行動，用什麼方式推出產品或服務，打進市場的哪個部分等等。即使面對一塊巨石，只要成功打進小楔子，再拿鐵槌不斷敲擊，終究能將巨石劈成兩半。同樣的道理，即使面對現有企業壟斷的龐大市場，只要巧妙打入微小但具有影響力的產品，終能改變市場結構，大幅成長。

亞馬遜起初只有販賣書籍，這只占了市場上所有商品的一小部分，如今營收卻占了美國電商市場的四〇%。第三方支付公司 Stripe 一開始也只提供線上支付的服務，後來逐步增加金流管理、支援信用卡等企業財務相關服務與創業輔助服務，現已成為B2B的金流串接企業。

檢視解決方案解析度的重點，**在於能否清楚描述解決方案的脈絡。例如：一開始選擇規模很小卻非常關鍵，而且有辦法解決的課題，並從哪種角度提出解決方案，將楔子打入市場中的哪個部分，抑或是如何引發骨牌效應，連鎖解決一個又一個相關的課題。**

想要打造社交媒體，也有很多條路和切入點可以選擇，比如一開始就建立社交媒體吸引用戶；或先提供某些工具吸引用戶，再慢慢發展成社交媒體[25]。提高時間觀點下的解析度時，必須試著舉出多條可行之道，並盡力清楚說明哪條路線才是最短路徑。

思索最短路徑時，不是要思考自己現在能做什麼，而是先確定終點，再從終點反推步驟。這種事先設定未來目標，回推執行步驟的思維，道理如同先前「課題廣度」一節中提過的「事前驗屍法」，以及「解決方案深度」一節中提過的「撰寫假想新聞稿」。據說亞馬遜將這種根據目標和客戶需求回推工作項目的方式，稱作「逆向工作法」[26]。

踏出第一步的時機也很重要，無論太早或太晚都無法取得好結果。好比說YouTube出現以前，也有其他的影音分享平台，但有一說認爲，YouTube正巧在寬頻連線普及、富媒體得以在瀏覽器上運行的時機問世，才得以蓬勃發展[27]。投資人也常對企業提出一種問題：「爲什麼不是兩年前或兩年後（做某件事），而是現在？」不只是商業領域，政策領域也是一樣，有所謂「政策窗打開」的時機。你**能否明確回答「為什麼挑現在行動」**，也是衡量時間觀點下解析度高低的一項指標。

象棋、黑白棋等桌上遊戲，《文明帝國》《信長之野望》等戰略遊戲，還有描述心理戰的漫畫，都包含模擬的要素，預測敵我的一來一往，採取適切的應對方式；這也是思考解決方案時考量時間因素的情況。**假如某步棋的成效很大，卻會在兩步棋後導致自我毀滅，那就不該下那一步棋；相反的，即使某一步棋的成效看似隔靴搔癢，卻能在讓自己掌握勝機，那就應該選擇那步棋**。

有一種思考模型叫多層次思考（level-k thinking），定義K（思考層次）＝0為不考慮對方如何出招，只依當下狀況做出合理判斷。假設你預測對方K＝0的想法後做出某個決定，此時你的狀態就是K＝1。如果你預測對方K＝1的想法，並根據這項預測做出決定，此時你的狀態就是K＝2。很多人的思考都停在K＝0～1的階段，所以只要達到K＝1～2的階段，通常就能領先對手。很多時候，只要稍微預測未來，沙盤推演，就能超越對手。比方說，電影結束後，你預測很多人會搶附近的廁所（K＝0），所以選擇到較遠的廁所（K＝1），或許就能避開人潮。

平常收發電子郵件時會思考「自己怎麼寫，對方怎麼回」的人，就能寫出必要的內容，確保溝通順暢。工作上懂得預測未來一、兩步行動，別人也會覺得你很能幹。

「情境規畫」也是藉由考慮多種可能的未來情境，預防最糟糕事態發生的方法。只要稍微模擬狀況，就能提高解決方案的精準度。鼓勵各位養成習慣，思考解決方案時預測兩步、三步之後的情況，多考慮不同的情境。

創造良性循環

前面探討課題解析度「結構」的部分，有提到循環的概念，而在思考解決方案時，**建立靠時間推動的循環**也是一種方法；這個觀點在利用資訊科技的平台事業或具有網路效應的事業上尤爲重要。

《從A到A+》[28]和《飛輪效應》[29]中提到的「飛輪效應」就是一種良性循環的概念。飛輪是一種將能量以旋轉力形式儲存起來的圓盤狀裝置，剛開始轉的時候需要花一些力氣，但一旦轉了起來，就能藉由慣性保持轉動狀態。這個概念應用於商業，意思就是事業一旦開始運轉，產生良好循環，就能急速成長。

知名範例如亞馬遜。一九九〇年代初期，亞馬遜創辦人兼董事長傑夫・貝佐斯想出了亞馬遜的基本理念：「讓顧客擁有更多選擇，並盡可能壓低商品價格」。首先，他以降低商品售價爲目標，以低營運成本在平台上銷售商品，發現有一些顧客認爲商品只要便宜就好；而因此獲得良好消費體驗的顧客，又會再次於亞馬遜消費，增加整體交易量，吸引其他賣家將商品上架亞馬遜平台。隨著平台商品種類增加，顧客體驗進一步改善，亞馬遜也成長茁壯。而事業成長之後，他們也得以進一步壓低成本，創造良性循環，不斷循環「交易量增加↓賣家增加↓商品種類增加↓顧客體驗提升↓事業成長↓進一步降低成本↓顧客體驗提升↓交易量增加……」，發展至一定的規模。

不過，這種良性循環的結構有時只是美好的想像，實際上很難刻意達成，而且包含時間延遲等因素在內，要驗證良性循環是否成立也沒那麼容易。但重要的是從一開始就有意識地建立具備良性循環結構的解決方案，培養中長期競爭優勢。前面談論課題分析的部分，有提到因果分析和因果循環圖，而制定解決方案時，也可以積極運用這些工具。

亞馬遜的飛輪效應

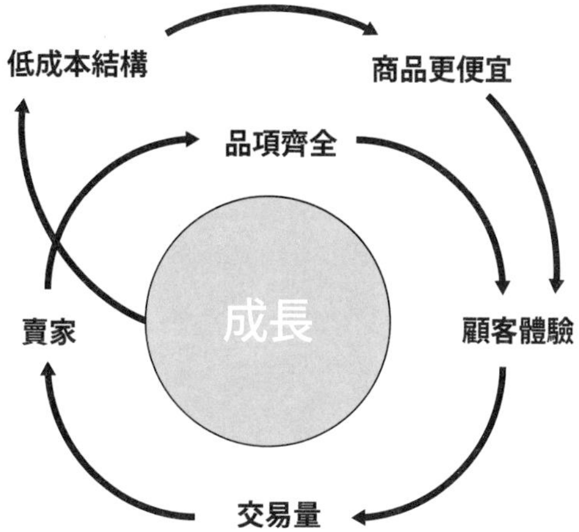

參考：https://www.amazon.jobs/en-gb/landing_pages/about-amazon
https://www.youtube.com/watch?v=QLYhtIhaLEU

眼光放遠，讓時間站在你這邊

眼光放遠一點，才能讓時間站在你這邊。

思考時將眼光放遠，就不必預測太多短期變化；而且將時間軸拉長來思考也能增加選項。**假設你面對一項難題，你是打算一年內設法解決，還是願意花十年慢慢解決，兩種情況下的解決方案將大不相同**。

例如某企業訂立「一年內由虧轉盈」的目標，那麼該企業就會傾向考慮立竿見影的手段，例如降低成本；但如果時間放寬到五年，就有可能考慮開發新產品等策略。再假設某人的目標是「五年內公司上市並致富」，那麼這個人能採取的解決方案恐怕相當有限，不是投身當下的主流事業，就是採取投機性的賭博；但如果目標改成「花二十年致富」，就有更多可選擇的手段，也可以考慮投入高風險、高回報且耗時的研發。以長期觀點思考，就能在該領域慢慢學習，朝著目標邁進。

而且很多人都希望短時間內有所改變，所以追求短期成功的領域，競爭往往也比較激烈；但其實眼光長遠的人更容易獲得機會。某項數據顯示，二〇〇一年到二〇一四年間，眼光長遠的企業，營業額比短視近利的企業多出四十七%，利潤更多出八十一%[30]。

投資股票時，一般投資人很難在短期交易中戰勝專業操盤手，然而大多操盤手都被要求在短期內取得成果，因此能採取的策略也相對有限。一般投資人反而可以放遠眼光，讓時間站在自己這邊，採取與專業操盤手不同的策略，取得更大的報酬。

當然，課題的狀況可能隨著時間不斷改變，有時候也必須迅速搶占市場，以免市場遭到其他對手壟斷，這種時候就該採用短期內盡速成長的策略。然而，請各位千萬別忘了此處談論的「時間」觀點，**思考時將眼光放長遠一點，就能選擇與其他人不同的道路**。

提高敏捷度與學習力

若要避免自己受到短期預測的影響，除了以長期觀點思考之外，另一項方法是**提高應對事物的敏捷度**。

敏捷度高的組織，能在察覺變化跡象時迅速採取行動；尤其在難以預測未來的領域中，提高敏捷度的效益特別高。

以ＩＴ新創公司爲例，如果公司內有技術卓越的工程師，公司的敏捷度就會特別高，因爲只要技術上有辦法做到的事情夠多，即使一個想法失敗了，也能夠迅速轉換跑道，輪番嘗試各種想法。尤其新創公司挑戰的領域往往瞬息萬變，有位反應機靈的優秀工程師在，就能掌握莫大的競爭優勢。

然而做事頻頻大轉彎也很不實際，無論組織的敏捷度有多高，也很難大幅改變前進方向，就好比大船不易迅速轉向一樣。而且，若組織沒有方針，只是一昧地提高敏捷度，到頭來也只能任由大環境擺布。缺乏宗旨的組織只會不斷投機，涉獵各種事業，一旦發現行不通又立刻抽身。正因如此，我們必須拿捏好平衡，**事先確定使命和願景等大致的方針，並將未來解析度提升到一定的程度（詳見第八章），在符合方針的範圍中靈敏地探索目標**。

此外，光是身手矯健也不夠，我們踏入某個領域後還必須**快速學習**該領域的知識。如果發現走錯了方向，也要老實認錯，換個方向前進。總而言之，爲了保持自己的敏捷度，必須一次又一次挑戰新的領域，一次又一次快速地學習，而且一旦錯了就坦然接受，在無數的失敗中不斷提高解析度。而本書這些提高解析度的「範本」，也能幫助各位提升學習效率。

解決方案的「時間」總結

- □ 解決方案必須按部就班。
- □ 預測兩步、三步以後的狀況，透過模擬找出更好的解決方案。
- □ 設法創造良性循環。
- □ 眼光放遠，讓時間站在自己這邊，或許就能找到更好的解決方案。
- □ 提高敏捷度，因應快速的變化。

以上分別從「深度」「廣度」「結構」「時間」四個觀點，介紹了如何提高課題和解決方案的解析度。

相信各位現在也更懂得釐清自己「應該提高哪個部分的解析度」，或許也已經學會運用不同解析度的鏡頭，適時縮放觀察事物的觀點，而不是一味提高解析度。

然而，迄今提高解析度後發現的課題與解決方案都只是假設，還需要後續驗證。因此，下一章我打算分享一些驗證課題與解決方案假設的想法。

7

驗證假設

課題與解決方案都只是假設

前面都在談論如何提高課題與解決方案解析度，相信各位只要活用前面介紹的各種方法學，就能大幅提升解析度。

但請注意，你目前提高解析度後發現的課題和解決方案，都只是你建立的「假設」。無論鑽得多深，看得多廣，結構多明確，也考量了時間因素，只要還是假設，就可能有誤。

既然如此，我們便需要驗證假設，確認到底哪些地方對，哪些地方不對。

那麼該如何驗證？其中一個答案就是本書再三提倡的「行動」。我們要**做實驗，透過行動驗證假設**。

如果你對顧客的解析度夠高，顧客的反應應該會符合你的預期；如果你對行業或組織等系統的解析度夠高，當你施加某種刺激時，系統應該會照你的預期運作。如果假設是錯的，實驗就會出現意外的結果，並以失敗告終。然而我們也可以從失敗中獲得新的資訊，繼續學習、思考，然後再次實驗，逐漸提高解析度。

其實我們每天都在做實驗，例如寫電子郵件時，也會假設自己如果怎麼寫，對方可能會怎麼回應。對收信人的解析度夠高，就可能做出正確的假設，對方的回應也會符合預期。如果對方的回應不符預期，就意味著你對對方的解析度還不夠高。也不要單純將這視為一次錯誤，應該當作一次學習的機會，用來提高自己對對方的解析度。

本書將提高解析度的關鍵整理成資訊×思考×行動，而**透過實驗（行動），便能獲得提高解析度所需的獨特資訊與思考契機**。

就像小學理化實驗一樣，我們透過行動，驗證自己對自然和物理現象等系統的假設，提高對自然和物理現象的解析度。在商業領域中，我們也要對人與社會等系統進行實驗，驗證自己的假設，提高解析度。

即便是最先進的科學研究也一樣，閱覽論文和參加學術研討會雖然能提高解析度，但到達一定的程度後，終究要涉足前無古人的領域，親自實驗，才能進一步提高解析度。商業上也是如此，我們雖然能蒐集一定程度的資訊，透過分析建立一定程度的見解，但想要進一步提高解析度，還是得付諸行動，進行實驗。尤其商場上、先進科技領域以及開拓新事業等充滿不確定性的環境，往往缺乏現有資訊，因此更需要親身實驗，開墾資訊。

實驗也是了解自己當前解析度的機會。許多企業家**都擁有不排斥實際行動，甚至對行動過度積極的特質**；好比說想到一個點子，就會報名參加比賽或計畫，甚至沒有點子也會先做再說。他們將比賽視為評估想法優劣的實驗室，藉此確認自己目前的解析度。

有些企業家也不在乎能不能得獎，認爲「只要參賽就能得到回饋意見，還有機會發現新的選項」。行動愈積極的企業家，通常也學得更快，進步得更快。

接下來，我會提供一些驗證假設的方法供各位讀者參考。

製作MVP，避免擴大規模

實驗一旦追求完美，免不了要製作高解析度下預見的產品，投入大量行銷費用推廣，觀察顧客和社會的反應。但這樣既花錢又花時間，根本超出了實驗的範疇，和正式上市沒兩樣。

實驗應控制在成本效益比較高的規模，且用心設計實驗方法，試圖獲取類似正式上市後可能收到的回饋。

設計實驗方法非常講求創造力。

例如第三章提到的MVP（最小可行性產品）就是一種實驗，藉由製作出功能最基本的產品試銷，確認課題和解決方案的方向是否正確。

不過「最小可行性」的界線在哪裡、產品容許做得多粗糙，都得視時代和狀況而定。二〇一〇年左右，就算用紙來製作應用程式的模擬原型，也多少能獲得良好的用戶回饋；但在二〇二〇年代，這種水準的原型恐怕就無法獲得良好回饋了。如果產品的目標客群是自動化程度相當高的企業，那麼像第三章提到的餐廳訂位系統就不算最小可行性產品，因爲中間還需要經由人工處理，無法滿足最低限度的處理速度。

因此考量最小可行性時，不能照抄過去的模式，必須思考現代標準，拿捏各項要素平衡，避免設計得太複雜。話雖如此，**人們往往傾向把事情做得盡善盡美，所以在此呼籲各位，做到自己都覺得還很粗糙的階段就可以拿出來用了**。

有人說寫論文要從摘要開始[1]，做策略顧問則要從畫腳本分鏡圖開始[2]，這些也是同樣的道理，先製作最小可行性產品，聽取他人感想，在開發初期檢驗思考方向是否正確。如果發現錯誤，也可視爲一項新資訊，回到資訊×思考×行動的循環，進一步提高解析度。

而且**實驗過程也可能發現新的價值**。例如，倉庫運輸機器人原本是設計來提高倉庫內貨物搬運效率的工具，不過實際運作後，發現機器人不但能減少人工作業量，還能減少倉庫面積。以往貨架間通道必須保持一定寬度，以便人們通過或蹲下取物，不過改以機器人達到作業最佳化之後，通道可以設計得更狹窄，進而減少倉庫所需面積。凡事都要實際製作並執行，才有機會意識到新的可能性。

前面提過「用手思考」很重要，而實驗就是在動手。人們經常嫌行動麻煩，但只要克服心理障礙，勇於實驗，就能大幅提高解析度。

創業圈裡流傳著一句話：避免擴大規模[3]。聽起來有點矛盾，創業的最終目標明明是打造大規模的事業並快速成長，爲什麼還要避免初期過度擴張規模？這其中的原因在於**不過度擴大規模才能直接與顧客互動，提高顧客的解析度**。而且，**控制服務的規模，才能快速提供服務，進行實驗，驗證解決方案的假說**。

以美國外送服務DoorDash爲例，假如他們一開始就想把事業做大，必須先建立一套外送員專用系統、雇用人手，那麼得花上數個月才能推出服務。不過DoorDash的創業團隊一開始選擇親自外送，因此能在想出點子後短短數小時內開始提供服務，並與顧客直接對話，了解如何改進服務，並持續改善。

即使你的服務離理想還有很大一段差距，只要實際推出服務，就會知道你設想的解決方案到底符不符合顧客需求。而且**親自執行尚未自動化又費時費力的流程，也能發現解決方案的哪些部分比較重要、哪些部分未來可以自動化**。體驗自己建立的系統，實際嘗試外送，就能體會外送員使用系統時可能碰上的障礙。

總而言之，只要提醒自己「避免擴大規模」，就能提出解決方案的MVP。這套範本適用於各種服務和產品。如果你計畫開發一種網路服務，供用戶發表評論、交流資訊，那麼在實際製作產品之前，不妨先提供顧客當面諮詢的服務；如果你打算運用實驗室研發出的先進科技開發產品，那麼外包開發或委外研究也是一種手段。這麼一來就能提高課題和解決方案的解析度，逐漸了解顧客對產品的要求。

「避免擴大規模」也可以想成**「主動做吃力不討好的工作」**。如同談論課題深度的章節所述，許多創業者一開始都不辭辛勞地透過行動蒐集資訊；而且這種吃力不討好的工作，往往都是當天想到就能開始執行、開始學習。平常媒體看多了，容易產生一種幻覺，誤以為只要想法夠奇葩，事業就能一舉成功。但各位千萬別忘記，正因為那些案例是例外才會被報導出來。我們應該撇開幻覺，體認到**創業初期最重要的是好好學習，其次才是創造利潤（成果）**。避免擴大規模的心態，能督促我們扎實提高解析度，並與競爭對手做出差異。

不過，新創公司仍需要追求快速成長。成功的新創公司，必須避免過度擴大事業規模，同時設法每週增加五%至一〇%的營業額和活躍使用者人數。為了兼顧以上兩個目標，新創公司不得不承擔壓力，將部分「避免擴大規模」的業務自動化。事實上，

DoorDash的創業團隊在逐步自動化業務的過程，也避免一下子過度擴大規模，按部就班發展，最後才成爲遍及全美各大都市的服務。

鼓勵各位讀者也盡快推出服務，與顧客交流，學習改進。

根據顧客的付出衡量課題規模

前面談過，優良課題的條件之一是規模夠大。而有一種驗證方法，是**觀察顧客願不願意掏錢買你的東西**。

就算顧客嘴上說有多想要你的產品，也不能輕易相信，**唯有真正掏錢才能證明他們是真的想要**。光是聽到顧客說「喜歡」「想要」「好像可以有一個」「那樣做也不錯」，都不能證明你對課題的假說正確，因爲這些話往往只是在抒發感受或恭維。

因此，我們的驗證標準並非「顧客的意願」，而是「顧客實際的付出」，例如顧客是否掏錢購買、是否馬上採取行動。

舉例來說，如果訪談過程，顧客對於你提出的解決方案感興趣，你可以詢問對方能否簽署備忘錄，表示「如果眞的做出符合以上條件的產品，我願意付費購買」，並說明在此之前不會收取任何費用，藉此觀察對方的反應。

如果對方真的想要，應該會願意簽署，反正目前還不需要支付任何費用。但如果對方態度猶豫，則代表剛才那些都只是客套話；但也可以詢問對方猶豫的原因，從中得到一些啓發。例如對方也許會說「因爲缺乏某功能」「需要問過主管才能決定」，這時你可以再進一步追問「如果我們承諾新增該功能，您是否願意簽署」「能不能請您的主管過來」，判斷對方是否只是在推托。

而且，對方支付的金額也能用來衡量我們對於課題的解析度。如果你擁有廣闊的視野，對課題了解有一定深度，也進行了結構化，那麼理應能找出顧客的燃眉之急。**既然如此，那即使產品品質欠佳，顧客也會願意承諾支付相當高的金額**。如果他們不願意出那麼多錢，或許也意味著你的課題解析度還不夠高。

除了對方願不願意掏錢，我們還可以從時間和名聲的觀點來衡量顧客的認眞程度。比方說，擁有專業技能的人願不願意花時間在你身上，顧客願不願意承擔風險介紹其他人或潛在客戶給你，這些都能看出你的想法具備多大的潛力。

假設你朋友做了一個應用程式，希望你幫忙測試或幫忙宣傳，如果那個應用程式眞的不錯，你應該也願意協助。但如果你覺得那看起來沒什麼未來可言，可能就會婉拒對方、含糊其辭，說自己很忙，或之後會再跟別人介紹。

當你請求對方投資你，而對方**願意付費**，**願意為你花時間**，甚至**不惜犧牲自己的信譽也要介紹你給其他人**，就代表你的假設可行。

推動系統，測試運作狀況

實驗不但能釐清顧客的課題，還能掌握一定程度的業界課題或組織課題。

如果你對家電系統有正確的了解，應該知道哪個按鈕能啟動或停止家電；如果你了解公司的組織系統，應該能料到說服哪個人就能推動整個組織運作。像這樣做好打算，實際推動系統，觀察運作狀況（實驗），就能判斷「結構」觀點下的解析度夠不夠高。

還有一種方法稱作混沌工程，意思是刻意引發疑似故障的狀況，營造擬眞的不穩定狀態，從而發現弱點，驗證恢復力。前面提過，系統有時會出現意外的活動，而我們可以透過實驗，刻意創造容易引發意外的混沌環境，事先檢查系統可能發生的意外活動。

如果反應與假設不符，就當作一次學習，進一步提高解析度。

持續改善再改善

實驗成效的評估標準是收穫的多寡，而非實驗結果符合假設的程度。假如我們無法從實驗中學到任何東西，便視同失敗。而以提高解析度的觀點來看，即使假設有誤，也不算失敗。

本書開頭已經闡明，「立即行動」「堅持不懈」「參考範本」是提高解析度的關鍵。儘管很麻煩，縱使假設往往出錯，令人一次次受挫而沮喪，還是必須付諸行動，不斷實驗。

如果不實驗，就無法確定自己目前的解析度。**當你認為自己的解析度已經提高到一定程度，請立即進行實驗。即使一開始的假設有誤，也要持續改善再改善**。這份毅力一定能讓你學到更多東西，達到遠高於別人的解析度。

行動創造機會

最後，我們來談談實驗等行動除了驗證假設之外還有哪些功用。

提高解析度其實也是一種「認識機會」的手段；一旦提高事物的解析度，就能察覺大家忽略的商機或科學上的發現。

同時，行動也是「創造機會」的手段。**行動可以改變周圍的環境，催生新的機會。**好比說，你透過實驗（行動）讓更多人得知你在做的事情，就有可能引發更多人對你做的事情產生興趣；這樣一來，你還可以請這些人幫忙，追求新的機會，或得到新的資訊，進而一舉推動事情進展。

控訴不正常的社會現象，可以改變規則，而規則一旦改變，也可能萌生新的機會。假設追蹤碳足跡不只是因應氣候變遷的行動，更成爲社會規範或制度，你就有機會發掘相關領域的新商機。

瑞可利公司創辦人江副浩正曾說：「替自己創造機會，讓機會改變自己。」付諸行動，才能替自己創造機會。澈底蒐集資訊，絞盡腦汁思考並不斷實驗、採取行動，如此一來，你身處的環境和未來都將有所改變，促成新的機會。爲此，請積極採取行動。

8

提高未來的解析度

課題就是理想與現狀的落差

目前爲止，我談論的所有內容背後都假設有課題存在。很多人的課題可能顯而易見，例如他人的煩惱，或是上司、高層指派的任務。而如果要解決顧客的課題，便需要提高課題的解析度。假如你還年輕，上司丟給你的課題可能只有一個大概的框架，而你必須在框架下想辦法提高課題的解析度。

如第四章所述，當你的職位愈接近經理、經營者，做起事來就愈自由，也能自己選擇課題。但實際上，當我們能夠自行選擇課題時，不只需要思考課題在哪裡，還要**想像理想的未來，因為課題就是理想與現狀之間的落差**。沒有理想，就沒有課題。選擇課題，就是選擇理想。

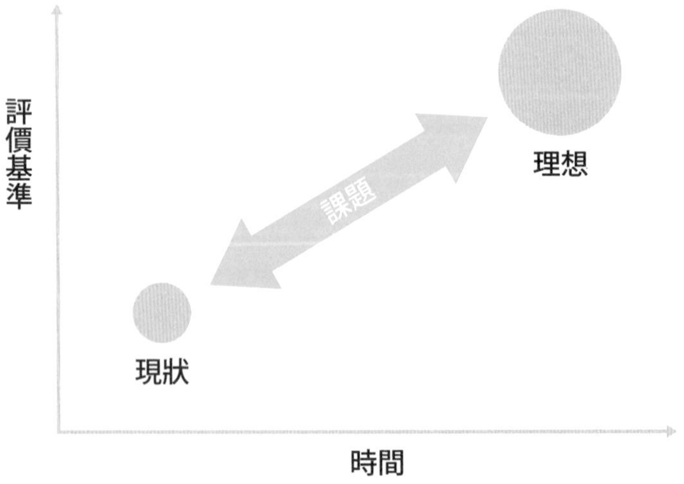

舉例來說，如果你的理想是公司營業額成長數倍，那麼現今營業額與理想營業額之間的差距就是你要解決的課題。能採取的解決方案非常多，可以努力推銷，或販賣完全不同的產品。而如果你的理想是利潤提高數倍，那不僅要提高營業額，也要設法降低成本；也可以著眼於利潤率，或是以貢獻社會為理想，要怎麼決定都是你的自由。

不過，務必要小心設定理想，因為你**如何設定理想，將改變課題的形式**。你的理想是營業額增加兩倍，還是利潤增加兩倍，兩者要面對的課題並不一樣。同樣選擇提高營業額，理想是營業額增加一〇％還是增加兩倍，課題和解決方案也會大不相同。設定理想時，設定的方向和程度都是自由的。

正因為如此自由，設定理想才如此困難。

以往許多企業都將理想設定為「降低成本」，因為這很容易想像，風險也低，算是比較平易近人的理想。但也有很多企業發現，只追求降低成本的理想已無路可走，所以開始摸索創造新價值、設定新理想的方法。愈來愈多企業開始重視理想，思考「**我們的公司或產品應該擁有怎麼樣的未來**」「**我們希望為這個社會做些什麼**」。

那麼，我們該如何提高理想未來的解析度？本書最後，我想以「提高未來解析度的方法」收尾。

描繪未來藍圖需要「分析」與「意志」

為了提高理想未來的解析度，首先需要以相當高的解析度預測未來。這個環節的重點與提高課題和解決方案的解析度時一樣，都是**資訊×思考×行動**。

首先是資訊與思考，有了足夠的資訊，可能只需要稍微思考就能預測某些未來；人口結構就是一個例子[1]，只要知道今年的新生兒人數，就能推估未來的工作年齡人口；因為二十年後的成年人口數量等於今年出生的嬰兒數量。雖然還要考量移民等變因，但影響也不至於太大。同樣的，觀察當前人口，就能準確推估二十年後退休、安享晚年的人口數量，甚至預測可能的市場規模。這些都屬於「幾乎已經確定的未來」。

此外，制度也是一種能用來預測未來的資訊。新制度上路的影響通常需要幾個月或幾年後才會顯現，比較長的甚至需要五年或十年，但這些變化都奠定在政策確定實施的基礎上。杜拉克看見美國於二戰後實施軍人權利法案，提供退伍軍人獎學金，便將知識型社會的到來視為「已發生未來」[2]。

本書多次提及的二〇五〇年碳中和，也能視為制度下的「已發生未來」。日後世界必然會朝著這個未來大幅轉變，至於要將這些變化視為不可思議的現象還是機會，就端看個人造化了。

有了適當的資訊，再加以思考，就能預測未來。每年年底都會出現很多預測明年或今年科技和商業趨勢的文章，這些預測就是建立在資訊和思考的基礎上。

而要進一步提高解析度，就必須採取行動。可以採訪專家，或參考某些有遠見的人士對事物的看法；又或者觀察那些有如活在未來的先進人士，也許能獲得一些啟發，然後再用「Why so」不斷挖掘獲得的資訊，摸索洞見。此外，也可以參與思考未來的社群，蒐集資訊；而實際體驗最新技術，與人交流，分析業界結構，從系統觀點理解事物，思考事物隨時間產生的變化等等，前面所有「提高解析度」的方法，用於思考未來時同樣有效。

然而，我們很難澈底預測未來，縱然能預料全球性傳染病或大規模地震發生，卻無法預測具體發生的時間，以至於發生時依然令人措手不及。而某些事件可能會像蝴蝶效應一樣引發連鎖反應，導致意想不到的結果。未來會發生什麼事、什麼時候發生、影響範圍多大，都很難精準預測。

未來充滿變數，事情的發展往往超乎預期。然而，**正因為未來是未定數，仍有改變的可能，我們才能創造自己期望的未來**。我們可以影響未來。未來不像考卷答案一樣有客觀的對錯，我們可以努力實現自己想像中的未來，將這個未來樹立成正確解答。正因爲如此，重要的是**「你自己想要怎麼樣的未來」，與朝著理想未來邁進的意志**。

第一線人員或顧問做事時，只要提高解析度，精確分析情況，選定重要課題作爲議題，比較可行解決方案的優缺點，並做出公允的判斷就夠了，因爲他們的成果主要是以利潤與營業額來衡量。然而，經營者必須做得更多。前面我雖然以獲利爲例來解釋理想，但獲利只是公司生存的先決條件。公司不只是爲了營利而存在，只爲營利並不算是個好理想。雖然盈餘代表公司體質健康，但健康並不是許多公司唯一的存在意義。就像人不是只爲了保持健康而生活，公司也應當善用自己健康的狀態來成就某些目標（除非體質欠佳，自然要將恢復健康擺在第一位，不過這也只是暫時的狀況）。

所謂的「某些目標」就是理想，而設定理想的就是經營者。換句話說，當你坐上經營者的位子，有權決定課題時，必須擁有描繪理想未來的意志，設定公司存在的意義。經營不只需要分析和預測，還得仰賴意志。

當然，未來不可能完全如我們所願，我們也無法違逆時代趨勢。打個比方，這就像我們身處湍急的河川時，幾乎不可能逆流而上，但順流時可以自行選擇前進的方向，甚至可以在河道上放置障礙物，改變水流的方向。未來也是如此，我們無法違背大時代的潮流，但只要抱著堅定的意志採取行動，我們就能自行選擇方向，或稍微改變趨勢。

決定理想未來的因素，一半是預測，一半是意志或願望。坊間已有許多談論預測的書籍，如《超級預測》[3]，因此本書不再贅述。描繪未來願景聽起來很簡單，其實相當困難，所以接著要探討我們如何確定自己的「意志和願望」。

站在後世的立場，思考未來的「理想模樣」

有些人可能已經擁有未來願景，但也有些人還沒有；已經描繪出理想社會光景的人，可能不需要這一節的內容。但假如你對未來還沒有什麼想像或期望，有個方法可以幫助你思考：**站在未來人的立場思考**。

想像自己是某個出生於未來的孩子，站在他的立場思考他會喜歡未來是什麼樣子，或不希望是什麼樣子。

重點是從後世的視角與觀點出發，而不是「你現在想要的未來」。**如果從自己現在的視角出發，往往只能根據現況延伸想像，或只想得出新聞報導那些陳腔濫調的未來**。

據說美國原住民在決定事情時，會顧慮到未來七代子孫，還有一句俗諺稱「地球不是祖先傳下來的，而是向孩子借來的」。只要改變思維，想像孩子的未來託付在我們手上，所以我們有責任妥善運用，這樣就能得到新的觀點。我們從祖先那裡繼承了環境和文明等資產，同時也代替好幾代子孫保管這份財產。如此一想，我們運用這些財產時就會謹遵盡職治理的原則，決策時也將自己和後世都列爲利害關係人。

日語中也有「雲孫」一詞，指稱八代以後的子孫。思考事情時，站在兩百年以後後代的立場，觀點就會強制轉向未來，眼光也會更加長遠。而且想像子孫生活的未來社會，我們也多少能看出現在該做的事情。

舉例來說，假設氣候變遷導致全球溫度上升四度，異常氣象一再發生，糧食供應狀況驟變，這些狀況我們頂多經歷個幾十年，但是對以後出生的孩子來說，這可能是他們未來生活數十年甚至上百年的世界。如果未來環境變得更加惡劣，我們的子孫會怎麼看待我們現在的行爲？難道他們不希望我們這些祖先做點什麼嗎？

請好好省思，我們是否做出未來子孫會感謝我們的良好判斷；又或是反過來，思考我們現在有什麼未竟之事，以免未來子孫譴責我們沒有作爲，害他們受難。像這樣思索「我們現在的判斷，經不經得起未來子孫的審判」，也是深思未來的一種方法。

但也不是每個人都需要這種觀點。對於那些當下已經承擔巨大風險，甚至必須拚命求生的人來說，強迫他們將眼光放遠相當困難，也很危險。心有餘力的人，才有辦法站在遙遠的未來審視自己目前的行動。我認爲這種方法也**有助於我們發想新事業**，因爲**新事業是未來社會需要的事業**。

新創公司培育機構 Y Combinator 創始人保羅．葛拉罕曾說，創意發想的訣竅在於

「活在未來，創造未來缺乏的事物」[4]。站在未來世代的立場，思考未來應該要有、沒有的話不合理的事業，藉此獲得新事業的啓發。

還有一種思考法稱作「未來設計」[5]，是運用虛構未來世代的概念，想像後世生活的社會模樣；以未來世代的觀點思考目前該做的事情和政策，並加以實踐。這也是地方政府自治上不可或缺的思維，因此日本某些地方政府已經實驗設立名爲「將來省」「將來課」的部門。

據說貝佐斯還在亞馬遜的時候，總會在重要的會議中留下一個空位，假設最重要的利害關係人「顧客」就坐在位子上，讓大家開會時意識到顧客的存在。我們可以參考這種做法，**在重要會議中留一個空位，想像未來的子孫坐在那裡**。藉由這樣的小設計，我們馬上就會顧慮到未來利害關係人（未來持有人[6]），並從未來的視角思考當下。

第六章談解決方案的「時間」因素時，我提到眼光放遠的好處、換位思考的重要性，以及根據未來回推現在的方法（逆向工作法）。至於這個時間要多長，我認爲拉長到一百年、兩百年甚至更久，才能看見提升未來解析度的重要線索。

視角高到外太空，思考人類的課題

站在遙遠未來的角度，意味著將時間觀點放長放遠。同樣的，將空間視角推向更遠處，也能思考更廣大的未來。

前面我雖然用「鳥觀」一詞來比喻視角高的狀態，不過某些創業者的視角比鳥還高，簡直像從外太空俯瞰整個地球一樣，談論地球環境和人類的理想。視角高到這種地步，想必也能發現全球性的問題和全人類的挑戰。這已經超越鳥瞰的高度，堪比「從人造衛星的高度看事情」；甚至超脫總經理這個身分的視角，以**「人類一分子的視角看事情」。站在如此遠大的角度看事情，自然能發現重大的課題**。本書屢屢提及的馬斯克，二〇一二年於美國加州理工學院畢業演講中，回顧了他在PayPal成功之後，思考接下來要創立什麼事業的心路歷程。他說自己當時思考的問題並不是「什麼方法能賺最多錢」，而是「什麼事情能對人類的未來產生最大影響」，於是便成立了特斯拉、SpaceX等具有重大影響力又能賺錢的企業。

我在書中鼓勵各位讀者解決重大課題，創造巨大價值，也說明價值的大小原則上取決於課題的規模；不過解決重大課題的好處不僅是能創造巨大價值。正因爲重大課題難以解決，因此需要花很長的時間處理，而企業也才能在過程中持續創造價值。至於選擇短期小課題的企業，則不得不一再改變業態，屢次賭上企業存亡。

話雖如此，我們也不能只是登高望遠，分析眼前的小事件也很重要。聽說現在人造衛星照片的影像解析度已經細到一公尺以下，也有企業透過衛星照片觀察石油儲存槽的影子長度來判斷儲存量，並將這些資訊提供給能源相關產業的企業與投資人，幫助他們做出投資決策。視野遼闊的創業者做事也像這樣，宛如站在外太空，時而觀察地球整體的狀況，時而深入觀察實地狀況，做出適當的商業判斷。請各位也別忘記適時切換兩種視角。

主動接下燙手山芋，接力處理重大課題

我們已經討論過滿分一百分的考試和一兆分的考試哪一個更好的問題，同樣的道理也可以套用在未來的課題上。你想像學校考試一樣，以一〇〇%的正確率拿到一百分，還是以〇．〇一%的正確率拿到一億分，端看你如何選擇。

我個人是希望**更多人投入重大社會課題**，因為其中潛藏著巨大商機，而且目前投入的人數依然稀少，很有可能創造壓倒性的龐大價值。

有些人可能會說自己找不到重大課題，這時可以先做點調查，或向他人諮詢。沒有人說自己發現的課題才是好課題，也可以選擇大眾都在討論的社會議題，或別人告訴你的課題。只不過，社會上流傳的課題，解析度通常較低，我們不能光站在高處觀察；我們要站在人類的視角看事情，但也別忘了要解決眼前顧客的課題。而要妥善解決問題，你自己得先提高解析度。只要確實行動，相信你也能找到別人尚未察覺的優良課題。

還有一個好方法，就是親自接手那些「希望有人來處理的重大課題」。希望有人來處理，這句話的意思是你明知有課題，卻不打算自行解決，而是巴望別人來處理。背後理由不外乎看起來太辛苦，或者規模大到令人退卻，但這反而是個好機會，因爲很多人都有這種想法，而眞正行動的人很少，這也代表競爭對手很少。而且，如果課題具有重大意義，也會有很多人願意幫助你，這樣成功的機會也會稍微高一點。創業圈常說：「麻煩的工作才是機會所在」[7]。思索規模龐大的想法時，訣竅是**不要問「我應該解決什麼課題才能造福未來」，而是站在他人的立場，思考「其他人會解決什麼課題造福未來」，然後去做你認為該做的事情**。這會成爲你挑選重大未來課題時的方針。

面對重大課題時，若無法獨自想出解決方案，別忘了向外調度資源。當你蒐集到更多資金和人力等資源，解決方案的選項也會大增；而且，**你處理的課題愈大，對社會來說愈有意義，願意幫助你的人也愈多，事情也會變得更加容易**。

我知道面對重大課題很恐怖，恐怕還有人會嘲諷你幹嘛這麼上進；或許你無法完美解決一切，也或許你只要能解決一%就該謝天謝地了；即使你面對滿分爲一億分的課題，以○·○○一%的正確率拿下一千分，那些在滿分一百分的考試中以一○○%正確率拿到一○○分的人，還是會笑你「答對率只有○·○○一%」「錯誤率高達九十九·九九九%」「根本沒有達標，失敗」；很多人總害怕錯誤率過高而選擇了小規模的課題。

但是正因爲很多人害怕面對大課題，選擇處理重大課題才有那麼多好處。正因爲許多人迴避面對大課題，所以競爭也沒那麼激烈，你才能成爲眾所矚目的稀有人才。而且處理重大課題，還能認識許多眼界很高的同伴，豐富人生。此外，只要目標本身夠遠大，即使你個人挑戰失敗了，也能輕易加入同領域中正在成長的其它公司。

挑戰重大課題，你的熱情就能感染他人，吸引更多人共同挑戰。就算最後以失敗收場，你投入的努力也必定多少推動了事情的進展。只要在課題中挹注活力，事情就會繼續進展下去。你不是孤軍奮戰；人們的活動不會停息，即使你無法獨自成就一切，即使你最後打退堂鼓，也會有人繼承你的意志和願景，總有一天會形成一波大浪潮。如果你描繪的未來願景很棒，後世肯定也會產生共鳴，所以不妨託付給下一代。只要你拚命想將棒子傳下去，總有一天，你朝思暮想的課題會得到解決。

因此，**包含你我在内的每一個人，都應當致力於處理重大課題**。

付諸行動，邁向未來，不要放棄思考

最後容我再次強調，想要提高未來的解析度，必須付諸行動。

我說資訊×思考×行動對於提升未來解析度來說也很重要，其中行動是難度最高的部分。釐清自己對未來的理想很困難，而朝著理想邁進也很困難。

全日本兒童食堂普及的最大推手，湯淺誠先生曾說：處理社會課題的過程，最難的不是「提出答案」，而是「活出答案」[8]。舉例來說，日本政府每年都會公布國家策略和願景，這算是某種「答案」，也是未來的理想。同樣的，很多人也擁有崇高的理想和願景；然而，卻沒有多少人感覺到社會發生了什麼重大的改變，這是因爲活出理想的人很少，也就是說，行動的人很少。

然而，**不活出理想、不行動，就無法提高未來的解析度**。

好比說，你認爲替代性肉品有助於減緩氣候變遷，但沒有多少人吃漢堡時會主動選擇替代性肉品。這時只要實際吃吃看，體驗它的味道和價格，就能多少發現目前什麼部分已經做得很充分，什麼部分有待加強。而一旦你知道哪裡有待加強，就有機會從中發現課題。雖然你可能無法單獨解決這項課題，但採取一些行動後，理應能發現某些你有辦法解決的部分，一旦發現這些部分，就持續思考並行動、實驗，這就是活出未來理想的方法。前面我也說過，創業者發想事業的方法之一就是「**活在未來，創造現在欠缺的東西**」[9]。著眼未來，肯定能發現商機。

用手思考也是提高未來解析度的重要手段之一。

嘗試動手製作一些未來可能會有的東西，或許我們就能稍微預見未來的雛型，想出新的產品或服務形式，發現新的可能性。這就像捏黏土，可能捏著捏著，突然就發現可以捏成和原定計畫不一樣的形狀。我們常說形塑未來，提高未來解析度的意思，就是實際動手，掌握手感，慢慢捏出未來的形狀。

實際動手，開始行動後，還必須持之以恆。盡可能活出你理想中的生活，就有機會改變我們的未來。

想要知道自己走的路對不對，最確實的方法就是蒐集資訊，加以思考，並朝著你所想像的未來邁進。只要邁出一步，你就抵達了一步以後的未來，看到的風景也與原本的位置略有不同。前進十步，你對未來的解析度也會提高十步的程度。

你不需要一開始就對未來擁有很高的解析度，只要像哥倫布發現美洲大陸時一樣，有個大致的方向，步步前進，未來就會逐漸清晰起來。

每個人都是未來的開路先鋒，每一步都能開闢嶄新的未來，推動社會前進。我認爲活出未來、提高未來解析度的方法，就是先往前走一步，根據眼見資訊反覆思考，不斷行動和實驗，再不斷向前邁進。

希望本書提出的想法，能幫助各位提高對現在和未來的解析度，進而解決問題，形塑未來。

願各位也能充分利用本書的內容，讓映入眼簾的風景與不久後的未來看起來更加鮮豔美麗，並且在高解析度的狀態下凝視那美好的未來。

Column 提高自己與團隊的未來解析度

有些人可能會以為，只有少數經營者需要提高未來解析度並描繪理想、設定課題，但事實並非如此，任何人都能設定自己的理想，因為我們就是自己生活的經營者和主人。

事業以外，我們在個人生活層面也能站在未來的角度，回顧自己的人生，思考自己是否做對了事情，是否做出了有趣的選擇，是否體貼待人，這些都是以未來為起點思考的方法之一。不要以現在的角度設想未來，而是站在未來的角度回顧現在；不要「希望未來變成怎麼樣」，而是思考自己未來要是什麼樣子，換句話說，就是你未來想要抱著怎麼樣的心情生活，為實現這個理想，現在應該做些什麼。

當然，我們不只是為了未來而活。一直為了將來打算而存錢，結果什麼也沒享受到就離開人世，那樣的生活又有什麼意義？「活在當下」也很重要。只不過，稍微放眼未來，或許能得到改善生活的提示。比方說，思考自己不必再為錢煩惱時想做什麼，搞不好你現在就可以開始去做。

為了不讓未來的自己後悔，我們也可以參考貝佐斯的「後悔最小化架構」。據說他當初想像自己八十歲時回顧過去，思考自己會不會感到後悔，最後便決定創業。

試著思考自己理想的職涯，如果發現與現況存在落差，那就是你要處理的課題，請提高你對這個課題的解析度，並且思考如何解決課題，提高解決方案的解析度。試著站在二十年後的視角，思考那時候的自己是會感謝，還是埋怨現在的自己。到時候，你是會感謝自己提升了能力、和某人培養了情誼，還是責怪自己毫無作為？

設定職涯理想可能不容易，而有時比起預設自己「想要從事什麼職業」「在哪間公司上班」，思考自己「想要活出怎麼樣的人生」更為重要。一旦確定方向，故事寫起來也更加容易。

除了明確決定自己的理想，思考通往未來的路程也很重要。事前制定行動計畫，預先考慮特定情況下如何應對，行動起來也會更順利；決策時可以使用「10·10·10」的思維，想像十分鐘後、十個月後、十年後的狀況；而動手寫下目標和行動計畫，也有助於提高解析度。

我相信各位之所以拿起這本書，肯定是因為感覺到自己身上或身邊有一些解析度方面的課題。但在考慮課題之前，你是否思考過自己的理想？如果你還沒確定未來理想的模樣，那你可能需要先好好想一想，再開始提升課題的解析度。只要花個十秒鐘，甚至更短的時間就夠了，請想像你自己或團隊的理想狀態，然後和現狀比較看看，落差的部分就是課題所在。提高這項課題的解析度時，請就深度、廣度、結構、時間等各方面思考；而思考解決方案時一樣，請從深度、廣度、結構和時間等不同觀點思考。

本書介紹了許多提高解析度的方法，這些方法都可以應用於我們自己和團隊上。不過這些思考的「範本」需要刻意練習，才會愈來愈熟練，所以建議各位在不同情況下積極運用這些範本，就當作是一種練習。

後記

本書源自我過去為新創公司製作的無數投影片，我從中挑出提高解析度的方法學，並重新編排成更廣泛適用於所有商業人士的內容。不過我主要設定的受眾還是新創公司，因此著墨較多關於創意發想初期提高解析度的部分。當企業壯大之後，可能會需要稍微不同的方法學，不過大方向上不至於相差太多。

本書開頭，我以健身為例解釋解析度的要素。我相信很多人都知道健身的好處和方法，但終究還是得實際行動才能增強肌力；同樣的道理，本書的內容也需要透過實踐才能化為自己的能力，並且必須全心全意地行動，才能真正滲透並持續進步。觀察過這麼多創業者，我發現認真承諾並付諸行動，才是成長的最大動力。

我將思考視同運動，經過適當的指導和訓練就能提升一定程度，但如果愈來愈少動腦，思考能力也會逐漸衰退，就像停止健身一段時間後肌肉會退化一樣。行動一旦停擺，行動力就會迅速流失；解析度也是如此，稍微偷個懶，眼前的景色就會開始模糊，一旦遠離實務，感受就會逐漸麻木，就好像連續幾天都不擦眼鏡，鏡片便會沾上灰塵和污垢而使得視野模糊。所以，唯有持之以恆才能提高解析度。

我在第二章的專欄提到，提高解析度之後便能看見世界的美好，但那不是瞬間豁然開朗的體驗。當你第一次經歷某件事情，或許會大感震撼，但接下來勢必得經過一段掙扎和苦難，才能感受到更美麗的事物；痛苦的時光幾乎占了絕大部分。爲了持續發現美的事物，你得咬緊牙關，一步步學習、前進。而這就是提高解析度的過程，是認識世界之美和眞實模樣的過程。你不是唯一一個歷經磨難的人，我本人，和其他讀者朋友，也在面對這種苦難，並且努力一點一滴前進，期望自己終能看見美麗的風景，或者將心目中理想的風景形塑成未來。

願本書能在各位前進的路上貢獻一份微薄之力，也期許各位讀者在提高解析度的過程，能透過本書獲得技術上的支援與情感上的慰藉。

前面提過，思考是一種團隊合作，本書也是團隊合作下的成果。

首先，我參考了眾多前輩的著述，與諸位作者共同思考，最後才寫成了這本書。而在眾多著作中，我主要參考了《複眼思考》《決策必備「分析技術」》《金字塔原理》《發現問題的思考術》《策略思考的技術》《議題思考》《研究的藝術》《邏輯思考核心技能》《思考教室》[1]。

此外，我要感謝富田佳奈女士、蛯谷夏海女士，兩位讀了本書草稿後提供了寶貴的意見。還要感謝英治出版的安村侑希子製作人和高野達成編輯，兩位繼筆者前作《實裝未來》後，這次也協助筆者編輯、出版。同時，我要感謝日復一日帶我看見新世界的每一位創業者。

如果本書能夠陪伴各位讀者一起思考，甚至激發各位採取行動的念頭，作爲一位致力於提高解析度的同道中人，我會感到非常高興。

此外，如果可以的話，我想請大家運用本書介紹的方法，「言語化」你們對本書的感想，因爲我也希望從各位的分享中學習。作爲同時代的一分子，我非常期待能與大家並進，更加完善提高解析度的各種範本，以更高的解析度描繪未來。

附錄：提高解析度技巧一覽

附錄整理了本書介紹的48種範本。提高解析度的必要條件為資訊×思考×行動，並且參考範本，持之以恆。

請不時參照第2章檢驗自己現在的解析度，檢查自己哪個觀點有待加強，並參照該觀點的範本採取行動。此外，也建議整個團隊共享資訊，設定要以哪個範本作為共同目標。

從「深度」觀點提高解析度的適用範本

範本1 **將想法言語化，掌握現況（外化）** 108
書寫
口述

範本2 **調查（內化）** 114
至少蒐集一百個案例
去書店搜刮相關書籍
網路搜尋結果至少要看十頁
看影片、聽演講，掌握最新資訊
分析數據

範本3 **訪談（內化）** 124
聽取事實，而非意見
利用半結構式訪談催生洞見
善用人脈，積極尋找訪談對象
寫下訪談對象的「故事」
不要做問卷調查，一定要當面訪談
訪談過五十個人，才算真正站在起跑線上
訪談注意事項

成為
顧客達人！

範本4 **實地勘察（內化）** 138
觀察藏在細節裡的線索
親身體驗顧客的工作

範本5 **深入個案（內化）** 145

範本6　追問「Why so」，從事實導出洞見（外化）　148

範本7　養成言語化的習慣（外化）　154
做筆記
對話
教導

範本8　增加詞彙、概念、知識（提高內化與外化的精準度）　160

範本9　加入社群，加速鑽研過程（提高內化與外化的精準度）　164

〔▽ 以下是能有效提高解決方案解析度的範本〕

範本10　撰寫假想新聞稿　264

範本11　持續問How，拆解可行細節　267

範本12　精進專業，發掘新方法　268

範本13　用手思考　270

範本14　用身體思考　272

特別小心那些
「優秀」「最棒」的
解決方案

從「廣度」觀點提高解析度的適用範本

範本15　質疑前提　175

範本16　換位思考　178
提高視角
站在對方的主場
站在未來的角度
區分使用的鏡頭
快速切換視角

範本17　親身體驗　188
摸透競爭產品
透過旅行，邂逅新的關鍵字

百聞百見
不如一次體驗

範本18　與人交談　191

範本19　重新決定要鑽研的部分　194

〔▽ 以下是能有效提高解決方案解析度的範本〕
範本20 增加可用工具　275
範本21 向外蒐集資源　278
範本22 分配資源在探索上　279
範本23 思考解決方案的真諦　280

無論缺人或缺錢都
只是「現在沒有」

從「結構」觀點提高解析度的適用範本

範本24 分解　200
慎選切入點
分解至能看出具體行動和解決方案的程度
範本25 比較　205
統一抽象度
比較大小
比較權重
將資料視覺化以便比較
重新審視分解方法
使用精密分析方法
範本26 連結　217
分組（歸類）
排列
尋找關聯
掌握系統
看準介入系統的時機
注意更大規模的系統性影響
畫圖有助於釐清關係
運用類推發掘新關係
範本27 省略　237
範本28 發問　239
範本29 了解更多結構的模式　241

社會層級、市場層級、業界層級……

〔▽ 以下是能有效提高解決方案解析度的範本〕
範本30　決定解決範圍　284
範本31　套用結構模型　287
範本32　創造嶄新組合　290
範本33　思考要素之間合適與否　292
範本34　割捨才能造就獨特性　294
範本35　注意限制條件　296
範本36　思考不同系統間的連結　298
範本37　應對系統發生的意外狀況　300
範本38　寫故事　301
範本39　先畫下潦草的結構　303

能否打破傳統的關係

從「時間」觀點提高解析度的適用範本

範本40　觀察變化　244
範本41　觀察個別程序與步驟　246
範本42　觀察整體流程　248
範本43　回顧歷史　251

〔▽ 以下是能有效提高解決方案解析度的範本〕
範本44　尋找最佳步驟　306
範本45　模擬狀況　308
範本46　創造良性循環　310
範本47　眼光放遠，讓時間站在你這邊　312
範本48　提高敏捷度與學習力　313

找出最終能創造巨大價值的小小第一步

注釋

前言

1　點閱數統計截至2022年10月。https://blog.speakerdeck.com/2021-most-viewed-presentations/

1 提高解析度的四個觀點

1　日本山佐醬油、龜甲萬醬油就分別於2009年、2010年著眼於醬油氧化的問題，採用可防止氧化的容器，創下銷售佳績。

2 檢驗自己現在的解析度

1　Jonathan Rasmusson, *The Agile Samurai: How Agile Masters Deliver Great Software*.

3 立即行動，堅持不懈，參考範本

1　〈建機の遠隔操作と自動運転で建設現場のDXを推進　ARAV株式会社〉，東大IPC，2021年6月4日。https://www.utokyo-ipc.co.jp/story/arav_interview/

2　馬田隆明，《未来を実装する：テクノロジーで社会を変革する4つの原則》。

3　〈デジタルシフトは泥臭い。50兆円の建設産業を変革するアンドパッドの裏側〉，FastGrow，2020年2月17日。https://www.fastgrow.jp/articles/oct-inada

4　〈松本恭攝CEOが語る、「ラクスル」起業への軌跡〉，GLOBIS知見録，2020年5月18日。https://globis.jp/article/7609

5　Michael Leatherbee, Riitta Katila, "The lean startup method: Early-stage teams and hypothesis-based probing of business ideas", *Strategic Entrepreneurship Journal*, Volume14, Issue 4, p.570–593, 5 October 2020. https://doi.org/10.1002/sej.1373

6 艾德．卡特莫爾、艾美．華萊士，《創意電力公司：我如何打造皮克斯動畫》。

4 提高課題的解析度——「深度」

1 〈（用語集）内化・外化〉，溝上慎一の教育論，2018 年5 月31 日更新。http://smizok.net/education/subpages/aglo_00011(naika_gaika).html

2 Wayne C. Booth、Gregory G. Colomb、Joseph M. Williams、Joseph Bizup、William T. Fitzgerald，《研究的藝術》。

3 Simon Peyton Jones, "How to write a great research paper", Microsoft Research, Cambridge, 2015. https://simon.peytonjones.org/great-research-paper/

4 "Write Like Your Talk", paulgraham.com, October 2015. http://www.paulgraham.com/talk.html

5 岡田光信，《愚直に、考え抜く。世界一厄介な問題を解決する思考法》。

6 "Early Work", paulgraham.com, October 2020. http://www.paulgraham.com/early.html

7 経済レポート専門ニュース。http://www3.keizaireport.com/

8 The McNamara Fallacy: measurement is not understanding.

9 原文：Some people say, 'Give the customers what they want.' But that's not my approach. Our job is to figure out what they're going to want before they do. I think Henry Ford once said, 'If I'd asked customers what they wanted, they would have told me,"faster horse! " ' People don't know what they want until you show it to them. That's why I never rely on market research. Our task is to read things that are not yet on the page.

10 Rob Fitzpatrick, *The Mom Test: How to talk tocustomers and learn if your business is a goodidea when everyone is lying to you*.
〈ユーザーインタビューの基本（Startup School2019 #02）〉，FoundX Review，2019 年10月2日。https://review.foundx.jp/entry/how-to-talk-to-users

11 Cindy Alvarez, *Lean Customer Development: Building Products Your Customers Will Buy*.

12 克雷頓．克里斯汀生、凱倫．狄倫、泰迪．霍爾、大衛．鄧肯，《創新的用途理論：掌握消費者選擇，創新不必碰運氣》。

13 Michael Leatherbee, Riitta Katila, "The lean startup method: Early-stage teams and hypothesis-based probing of business ideas", *Strategic Entrepreneurship Journal*, Volume14, Issue 4, p.570–593, 5 October 2020. https://doi.org/10.1002/sej.1373

14 柯南·道爾，《福爾摩斯探案全集2：冒險史》。

15 本段描述參考了Helpfeel公司提供的共享服務Gyazo。文中開發過程僅供參考，非實際開發狀況。

16 "How to Get Startup Ideas", paulgraham.com, December 2012. http://paulgraham.com/startupideas.html

17 〈青果店経営から見えた課題—、kikitoriが取り組む農業流通SaaSとは？〉，Coral Capital，2021年1月6日。https://coralcap.co/2021/01/kikitori/

18 "How to Get Startup Ideas", paulgraham.com, December 2012. http://paulgraham.com/startupideas.html

〈スタートアップの始め方とスタートアップを始める理由〉，FoundX，2018年9 月21 日。https://review.foundx.jp/entry/how_and_why_to_start_a_startup

19 What the smartest people do on the weekend is what everyone else will do during the week in ten years, cdixon, 2 March 2013. https://cdixon.org/2013/03/02/what-the-smartest-people-do-on-the-weekend-is-what-everyone-else-will-do-during-the-week-in-ten-years

20 大野耐一,《追求超脫規模的經營：大野耐一談豐田生產方式》

21 〈なぜなぜ分析は、危険だ〉，タイム・コンサルタントの日誌から，2014年4月26日。https://brevis.exblog.jp/21931694/

22 克雷頓·克里斯汀生，《創新的兩難》。

23 克雷頓·克里斯汀生、邁可·雷諾，《創新者的解答：掌握破壞性創新的9大關鍵決策》。

24 星新一，《きまぐれ星メモ》。

25 申克·艾倫斯，《卡片盒筆記：最高效思考筆記術，德國教授超強祕技，促進寫作、學習與思考，使你洞見源源不斷，成為專家》。

26 〈他人の関連研究探しゼミ〉，中村研究室のゼミと運営の工夫，2020 年7月1日。https://note.com/nkmr/n/n4a5a520732fb

27 歷本純一，《點子來自妄想力：妄想交給腦子，思考交給雙手！引領世界的「使用者介面」研發專家，最強思考工具與實踐策略》。

28 雖然常有人引述這句話，但這句話是否真的源自非洲，眾說紛紜。

Charles Clay Doyle, Wolfgang Mieder, "The Dictionary of Modern Proverbs: A Supplement", *Proverbium*, Vol.33 No.1, p.85-120, 2016.

https://andrewwhitby.com/2020/12/25/if-you-want-to-go-fast/

29 史蒂芬．斯洛曼、菲力浦．芬恩巴赫，《知識的假象：為什麼我們從未獨立思考？》。

Joseph Heath, *Enlightenment 2.0: Restoring Sanity to Our Politics, Our Economy, and Our Lives*.

30 彼得．杜拉克，《社會生態願景：對美國社會的省思》。

5 提高課題的解析度——「廣度」「結構」「時間」

1 Bryce G. Hoffman, *How Your Business Can Conquer the Competition by Challenging Everything*.

2 丹尼爾．康納曼，《快思慢想》。

奇普．希思、丹．希思，《零偏見決斷法：如何擊退阻礙工作與生活的四大惡棍，用好決策扭轉人生》。

3 蘇西．威爾許，《10．10．10：改變你生命的決策工具》。

4 松下幸之助，《經營之神的初心4：松下幸之助的幸福之道》。

5 堀新一郎、琴坂将広、井上大智，《TARTUP：優れた起業家は何を考え、どう行動したか》。

6 東浩紀，《弱いつながり：検索ワードを探す旅》。

7 水野學，《品味，從知識開始：日本設計天王打造百億暢銷品牌的美學思考術》。

8 樹狀圖是拆解、整理事物相當實用的基礎方法，本書也介紹了如何利用樹狀圖診斷解析度，除此之外，樹狀圖的應用範圍十分廣泛。舉例來說，按思考邏輯繪製的樹狀圖稱作「邏輯樹」；分析課題時，可以使用「議題樹」；整理決策可能造成的結果時，可以使用「決策樹」；分解KPI（關鍵績效指標）並選擇要全力達成的指標時，可以使用「指標樹」。

9 Ethan S. Bernstein, Stephen Turban, "The impact of the 'open' workspace on human collaboration", 2 July 2018, *Philosophical Transactions of the Royal Society B*, Volume 373, Issue 1753. https://doi.org/10.1098/rstb.2017.0239

10 不過從經營角度來看，開放式辦公室也有其優點，比如減少辦公室面積。所以根據面對的課題不同，開放式辦公室也可能是正確的解決方案。

11 筒井淳也，《社会を知るためには》。

12 森田純哉，〈デザイン創造過程論（3）—類推—〉。http://www.jaist.ac.jp/~j-morita/wiki/index.php?plugin=attach&refer=%BB%F1%CE%C1&openfile=dCr3.pdf

鈴木宏昭，《類似と思考　改訂版》。

13 Nelson Goodman, *Ways of Worldmaking*.

14 伊利雅胡．高德拉特、傑夫．科克斯，《目標：簡單有效的常識管理》。

6 提高解決方案的解析度──「深度」「廣度」「結構」「時間」

1 "What is Amazon's approach to product development and product management? ", Quora. https://www.quora.com/What-is-Amazons-approach-to-product-development-and-product-management

2 〈ソラコム玉川氏が挑む日本発スタートアップのグローバル展開、M&Aを経て会社売却で悩む起業家へのアドバイス〉，Coral Capital，2019年4月24日。https://coralcap.co/2019/04/videointerview-soracom-tamagawa/

3 Changing Design Education for the 21st Century, jnd.org, 5 April 2020. https://jnd.org/changing-design-education-for-the-21st-century/

4 池上英洋，《西洋美術史入門》。

5 大衛．艾波斯坦，《跨能制勝：顛覆一萬小時打造天才的迷思，最適用於AI世代的成功法》。

Wai Fong Boh, Roberto Evaristo, Andrew Ouderkirk, "Balancing breadth and depth of expertise for innovation: A 3M story", *Research Policy*, Volume 43, Issue 2, p.349-366, ELSEVIER, March 2014. https://doi.org/10.1016/j.respol.2013.10.009

6 Eduardo Melero, Neus Palomeras, "The Renaissance Man is not dead! The role of generalists in teams of inventors", *Research Policy*, Volume 44, Issue 1, p.154-167, ELSEVIER, February 2015. https://doi.org/10.1016/j.respol.2014.07.005

7 Alva Taylor, Henrich R. Greve, "Superman or the Fantastic Four? knowledge combination And experience in Innovative Teams", *Academy of Management Journal*, Vol. 49, No. 4, 1 Aug 2006. https://doi.org/10.5465/AMJ.2006.22083029

8 Brian Uzzi, Satyam Mukherjee, Michael Stringer, Ben Jones, "Atypical Combinations and Scientific Impact", *Science*, Vol 342, Issue 6157, p. 468-472, American Association for the Advancement of Science, 25 Oct 2013. http://dx.doi.org/10.1126/science.1240474

Jian Wang, Reinhilde Veugelers, Paula Stephan, "Bias against novelty in science: A cautionary tale for users of bibliometric indicators", *Research*

Policy, Volume 46, Issue 8, p.1416-1436, ELSEVIER, October 2017. https://doi.org/10.1016/j.respol.2017.06.006

9 Robert Root-Bernstein, Lindsay Allen, Leighanna Beach, Ragini Bhadula, Justin Fast, Chelsea Hosey, Benjamin G. Kremkow, Jacqueline Lapp, Kaitlin M Lonc, Kendell M. Pawelec, Abigail Podufaly, Caitlin Russ, Laurie Tennant, Eric Vrtis and Stacey Weinlander, "Arts foster scientific success: Avocations of Nobel, National Academy, Royal Society, and Sigma Xi members.", *Journal of Psychology of Science and Technology*, Volume1, p.51-63, 1 October 2008. https://psycnet.apa.org/record/2009-22160-003

10 白井誠，《危機の時代と国会─前例主義の呪縛を問う》。

山本龍彥，〈「政治オペラ」の構造、切り込んで〉，朝日新聞デジタル，2021 年12 月21 日。https://www.asahi.com/articles/DA3S15149487.html

11 奧利佛．葛思曼、凱洛琳．弗朗根柏格、蜜可萊．塞克，《航向成功企業的55種商業模式：是什麼？為什麼？誰在用？何時用？如何用？》。

12 筆者等人調查、整理的新創公司商業模式詳見FoundX Online Startup School。https://ja.coursera.org/learn/foundx-course

13 Brian Uzzi, Satyam Mukherjee, Michael Stringer, Ben Jones, "Atypical Combinations and Scientific Impact", *Science*, Vol 342, Issue 6157, p. 468-472, American Association for the Advancement of Science, 25 Oct 2013. http://dx.doi.org/10.1126/science.1240474

14 亞倫．甘奈特，《尋找創意甜蜜點：掌握創意曲線，發現「熟悉」與「未知」的黃金交叉點，每個人都是創意天才》。

15 瓊．瑪格瑞塔，《簡單讀懂麥可．波特：活用競爭策略必讀經典》。

16 Marco Iansiti, Roy Levien, *The Keystone Advantage: What the New Dynamics of Business Ecosystems Mean for Strategy, Innovation, and Sustainability*.

17 羅伯特．麥基，《故事的解剖》。

18 Tom Meyvis, Heeyoung Yoon, "Adding is favoured over subtracting in problem solving", *Nature*, 7 April 2021.https://www.nature.com/articles/d41586-021-00592-0#:~:text=A%20series%20of%20problem%2Dsolving,removing%20features%20 is%20more%20efficient.

19 彼得．提爾、布雷克．馬斯特，《從0到1：打開世界運作的未知祕密，在意想不到之處發現價值》。

20 馬田隆明，《未来を実装する：テクノロジーで社会を変革する4つの原則》。

21 Vladimir IAkovlevich Propp, Morphology of the Folktale.

22 喬瑟夫．坎伯，《千面英雄》。

23 羅伯特．麥基，《故事的解剖》。

24 大塚英志，《ストーリーメーカー：創作のための物語論》。

25 Chris Dixon, "Come for the tool, stay for the network", cdixon, 31 January 2015. https://cdixon.org/2015/01/31/come-for-the-tool-stay-for-the-network

26 柯林．布萊爾、比爾．卡爾，《亞馬遜逆向工作法：揭密全球最大電商的經營思維》。

27 My 25 lessons learned From 25 years of creating companies Number 2: Find Great Timing, Idealab, 3 March 2021. https://25-lessons.idealab.com/find-great-timing/

28 詹姆．柯林斯，《從A到A+：企業從優秀到卓越的奧祕》。

29 詹姆．柯林斯，《飛輪效應：A+企管大師7步驟打造成功飛輪，帶你從優秀邁向卓越》。

30 McKinsey Global Institute "MEASURING THE ECONOMIC IMPACT OF SHORT-TERMISM", McKinsey&Company, Fabruary 2017. https://www.mckinsey.com/~/media/mckinsey/featured%20insights/long%20term%20capitalism/where%20companies%20with%20a%20long%20term%20view%20outperform%20their%20peers/mgi-measuring-the-economic-impact-of-short-termism.ashx

7 驗證假設

1 歷本純一，《點子來自妄想力：妄想交給腦子，思考交給雙手！引領世界的「使用者介面」研發專家，最強思考工具與實踐策略》。

2 安宅和人，《議題思考：用單純的心面對複雜問題，交出有價值的成果，看穿表象、找到本質的知識生產術》。

3 "Do Things that Don't Scale", paulgraham.com, July 2013. http://paulgraham.com/ds.html

8 提高未來的解析度

1 彼得．杜拉克，《創新與創業精神：管理大師彼得．杜拉克談創新實務與策略》。

2 彼得．杜拉克，《社會生態願景：對美國社會的省思》。

3 菲利普．泰特洛克、丹．賈德納，《超級預測：洞悉思考的藝術與科學，在不確定的世界預見未來優勢》。

4 "Want to start a startup?", paulgraham.com, December 2012. http://paulgraham.com/startupideas.html

5 西條辰義、宮田晃碩、松葉類，《フューチャー・デザインと哲学：世代を超えた対話》。

6 羅曼．柯茲納里奇，《長思短想：當短視與速成正在摧毀社會，如何用長期思考締造更好的未來？》。

7 "Schlep Blindness", paulgraham.com, January 2012. http://www.paulgraham.com/schlep.html

8 湯浅誠，《つながり続ける　こども食堂》。

9 "How to Get Startup Ideas", paulgraham.com, December 2012. http://paulgraham.com/startupideas.html

後記

1 谷剛彥，《複眼思考：全方位腦力開發》。

後正武，《意思決定のための「分析の技術」：最大の経営成果をあげる問題発見・解決の思考法》。

芭芭拉．明托，《金字塔原理：思考、寫作、解決問題的邏輯方法》。

齋藤嘉則，《發現問題的思考術》。

齋藤嘉則，《策略思考的技術》。

安宅和人，《議題思考：用單純的心面對複雜問題，交出有價值的成果，看穿表象、找到本質的知識生產術》。

Wayne C. Booth、Gregory G. Colomb、Joseph M. Williams、Joseph Bizup、William T. Fitzgerald，《研究的藝術》。

波頭亮，《論理的思考のコアスキル》。

田山和久，《思考の教室，じょうずに考えるレッスン》。

圓神出版事業機構 Eurasian Publishing Group
用心與你對話・網野無限寬廣
先覺出版社 Prophet Press

www.booklife.com.tw reader@mail.eurasian.com.tw

商戰系列 240

提高思考解析度：4個視角，將模糊想法化爲精準行動

作　　者／馬田隆明
譯　　者／沈俊傑
發 行 人／簡志忠
出 版 者／先覺出版股份有限公司
地　　址／臺北市南京東路四段50號6樓之1
電　　話／（02）2579-6600・2579-8800・2570-3939
傳　　真／（02）2579-0338・2577-3220・2570-3636
副 社 長／陳秋月
資深主編／李宛蓁
責任編輯／劉珈盈
校　　對／朱玉立・劉珈盈
美術編輯／李家宜
行銷企畫／陳禹伶・朱智琳
印務統籌／劉鳳剛・高榮祥
監　　印／高榮祥
排　　版／陳采淇
經 銷 商／叩應股份有限公司
郵撥帳號／18707239
法律顧問／圓神出版事業機構法律顧問蕭雄淋律師
印　　刷／祥峰印刷廠
2024年1月　初版

『解像度を上げる』（馬田隆明）
KAIZODO O AGERU

定價 440元　ISBN 978-986-134-483-6

在分析一個問題時，本能往往要我們去了解更完整、更精細的全貌，但我們看到什麼，取決於怎麼看。這與我們觀賞藝術、與藝術互動的方式類似，巧妙運用距離和角度有助於我們重新探究、重新詮釋自己周遭的環境。

——《變通思維：劍橋大學、比爾蓋茲、IBM都推崇的四大問題解決工具》

國家圖書館出版品預行編目資料

提高思考解析度：4個視角，將模糊想法化為精準行動／馬田隆明 著；沈俊傑 譯.
-- 臺北市：先覺出版股份有限公司，2024.01
368 面；14.8×20.8 公分
譯自：解像度を上げる：曖昧な思考を明晰にする「深さ・広さ・構造・時間」の 4 視点と行動法
ISBN 978-986-134-483-6（平裝）

1. 職場成功法　2. 思考　3. 管理決策

494.35　112019989